Veröffentlichungen des Königlich Preußischen Meteorologischen Instituts

Herausgegeben durch dessen Direktor

G. Hellmann

Nr. 254

Abhandlungen Bd. IV. Nr. 7.

Der tägliche Gang der Lufttemperatur in Deutschland

Von

H. Henze

Mit einer Tafel

Springer-Verlag Berlin Heidelberg GmbH 1912

ISBN 978-3-662-24294-0   ISBN 978-3-662-26408-9 (eBook)
DOI 10.1007/978-3-662-26408-9

Inhaltsverzeichnis

	Seite
Einleitung	5
Stationsbeschreibungen und Nachweis des Beobachtungsmaterials	8
Der tägliche Gang der Temperatur	16
Störungen im täglichen Gang der Temperatur	18
Periodische tägliche Amplitude der Temperatur	20
Mittlere Eintrittszeiten der täglichen Temperaturextreme	23
Reduktion auf wahre 24stündige Temperaturmittel	27
Tabellen: Tagesmittel und Abweichungen der Stundenmittel vom Tagesmittel	34

Einleitung.

Auf der Versammlung des Internationalen Meteorologischen Komitees zu St. Petersburg im Jahre 1899 ist von v. Hann die Anregung ausgegangen[1]) und auch in der Folgezeit immer wieder vertreten worden, „die über den täglichen Gang der Temperatur vorliegenden Beobachtungsergebnisse zu sammeln und zu veröffentlichen, um derart eine Grundlage zu schaffen zur Berechnung richtiger sog. wahrer Temperaturmittel"[2]). — „Es wird," bemerkt er zu einem Brief von H. Mohn, „doch jeder Direktor in seinem Netze einige Stationen haben, von welchen der tägliche Gang vorliegt. Die derart verwendeten Stationen wären zu bezeichnen, und wenn der tägliche Gang der Temperatur nicht schon in einer allgemein zugänglichen Publikation enthalten ist, wäre es wünschenswert, wenn diese Tabellen als Abweichungen der Stundenmittel vom Monatsmittel publiziert oder handschriftlich mitgeteilt würden. Es wäre höchst erwünscht, daß Verzeichnisse der Stationen, von welchen der tägliche Gang der Temperatur berechnet vorliegt, angefertigt werden würden, mit Angabe der Breite, Länge und Seehöhe, damit man sich stets die beste Vergleichstation wählen könnte"[3]).

Für Deutschland ist seit Hellmanns Dissertationsschrift über „die täglichen Veränderungen der Temperatur der Atmosphäre in Norddeutschland" im Jahre 1875[4]) keine derartige Zusammenstellung erschienen, während für das benachbarte Österreich und Frankreich aus neuerer Zeit die beiden umfangreichen Abhandlungen von J. Valentin und A. Angot vorliegen[5]). So mußte es eine wünschenswerte Aufgabe sein, diese Lücke auszufüllen, und ich bin meinem hochverehrten Direktor, Herrn Geheimrat Hellmann, zu besonderem Dank verpflichtet, mir zu dieser Arbeit die Anregung gegeben zu haben.

---

[1]) Bericht des Internationalen Meteorologischen Komitees. Versammlung zu St. Petersburg 1899. Berlin, A. Asher & Co. 1903. 4°. S. 9, 74—75.

[2]) Bericht über die Versammlung des Internationalen Meteorologischen Komitees. Paris 1907. Berlin, Behrend & Co. 1908. 4°. S. 15.

[3]) Bericht über die Versammlungen des Internationalen Meteorologischen Komitees und dessen Kommission für Erdmagnetismus und Luftelektrizität. Berlin 1910. Berlin, Behrend & Co. 1910. 4°. S. 36—37.

[4]) Erschienen bei Meyer & Müller, Berlin. 8°. 1 Bl., 36 S.

[5]) J. Valentin, Der tägliche Gang der Lufttemperatur in Oesterreich. Wien, C. Gerolds Sohn 1901. 4°. 1 Bl., 97 S. S.-A. Denkschr. d. kaiserl. Akad. d. Wiss. in Wien, math.-naturw. Kl. Bd. 73. — A. Angot, Études sur le climat de la France. Température. Deuxième partie: Variation diurne de la température. Annales du Bureau Central Météorologique de France. Année 1902. I. Mémoires. Paris 1905. 4°. S. 41—130.

Das Beobachtungsmaterial, das Hellmann seiner Rechnung zu Grunde legen konnte, war noch sehr spärlich und ließ in vieler Beziehung zu wünschen übrig. Von den 11 gegebenen Stationen: Stettin, Schwerin, Apenrade, Salzufeln, Utrecht, Krefeld, Göttingen, Mühlhausen, Halle, Berlin und Zechen waren nur an den nördlichst gelegenen Schwerin, Apenrade, Utrecht und Krefeld vielstündige Beobachtungen mehrere Jahre hindurch fortgesetzt worden; ununterbrochene Temperaturbestimmungen, d. h. auch während der ganzen Nacht, standen indessen nur von Utrecht und Schwerin zur Verfügung. Utrecht konnte von mir als nicht zu Deutschland gehörig und weil jetzt von Aachen und Bremen Temperaturregistrierungen vorliegen, unberücksichtigt bleiben; aber auch die am Pulvermagazin bei Schwerin von dem jedes Mal kommandierenden Unteroffizier angestellten zweistündlichen Thermometerablesungen lassen nach den im Meteorologischen Institut niedergelegten Inspektionsreiseberichten auf eine äußerst geringe Zuverlässigkeit schließen, so daß sie von mir ebenfalls nicht herangezogen wurden. Hellmann, der im Jahre 1884 die Station besuchte, schreibt: „Vertrauenswert sind die zweistündlichen Notierungen der Temperatur und der Windrichtung auf der Pulvermagazinwache bei Schwerin leider nicht, wenigstens seit 1866 nicht mehr, weil nunmehr alle Truppengattungen daselbst auf Wache ziehen, während früher nur die Artillerie dies tat. Einzelne Wachen sind jetzt entschieden ungenau beobachtet, bisweilen auch gar nicht, aber der Bogen mit willkürlichen, mehr oder minder geschickt erdachten Zahlen doch ausgefüllt." Daß bei so häufig wechselnden und ungeschulten Beobachtern außerdem durch Parallaxe die Ungenauigkeit der Ablesungen noch erhöht wird, sei nur nebenbei bemerkt.

Erst die Vereinfachung der Konstruktion und die dadurch bedingte leichtere Handhabung und nicht zuletzt die Herabsetzung des Preises von Registrierinstrumenten, die sich vor allem die Firma Richard frères in Paris hat angelegen sein lassen, machte es möglich, daß eine größere Anzahl von Stationen mit Thermographen ausgerüstet wurde. Es konnten von mir jetzt die kontinuierlichen Temperaturaufzeichnungen von 32 Stationen zusammengestellt werden, von denen nur eine Station, Vamdrup in Jütland, Augenbeobachtungen aufweist. Leider ist, wie das nebenstehende Kärtchen zeigt, die Verteilung der Stationen über Deutschland eine recht unregelmäßige, und namentlich der Osten[1], aber auch der Süden zeigen eine schlechte Besetzung; um dem Mangel an Stationen einigermaßen zu begegnen, wurden deshalb noch die Beobachtungen von drei fremdländischen Stationen, Krakau, Prag und Vamdrup, herangezogen. Nach der Seehöhe geordnet, liegen

3 Stationen	unter 10 m	2 Stationen	in 500—600 m
9 „	in 10—100 „	Brocken	„ 1140 „
7 „	„ 100—200 „	Schneekoppe	„ 1602 „
4 „	„ 200—300 „	Zugspitze	„ 2964 „
4 „	„ 300—400 „		

Von Eberswalde werden die Temperaturwerte einer Wald- und einer Feldstation, von Potsdam, Straßburg und Prag solche einer Erdboden- und einer Turmstation gegeben.

---

[1] Die von G. Grundmann in seiner Dissertationsschrift »Über den täglichen Gang der Wärme und des Luftdruckes in Breslau nach Beobachtungen der Kgl. Universitäts-Sternwarte«, Breslau 1892, 8°, mitgeteilten Werte sind nach der Besselschen Formel interpoliert.

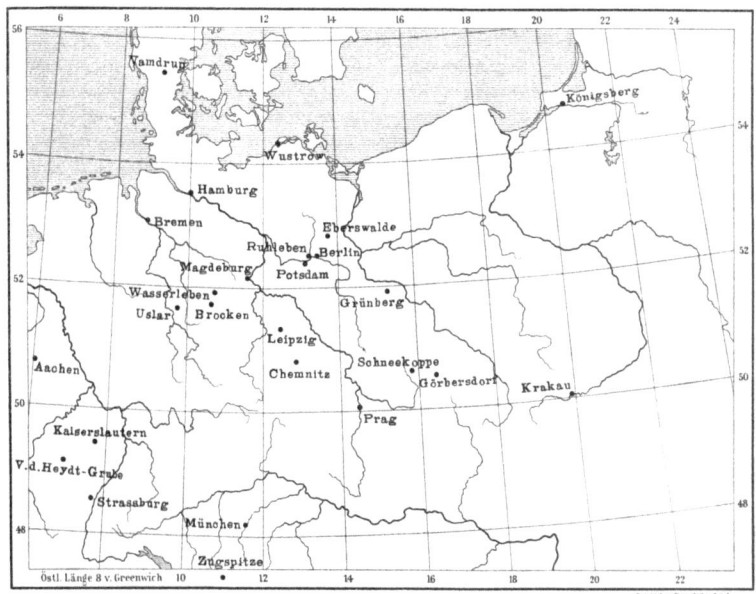

Die Beschaffung des Beobachtungsmaterials geschah in der Weise, daß nur vier- und mehrjährige stündliche Temperaturaufzeichnungen, soweit sie ausgewertet vorlagen, zur Bearbeitung gelangten; kürzere Beobachtungsreihen, die von einigen Stationen publiziert und z. T. auch diskutiert sind, blieben unberücksichtigt. Für die beiden Stationen in Eberswalde und Straßburg standen mir nur die Temperaturwerte der geraden Stunden zur Verfügung, so daß die Mittelwerte der ungeraden Stunden durch graphische Interpolation gewonnen werden mußten; für Vamdrup, wo von den Zollbeamten das Thermometer jede zweite Stunde abgelesen worden war, hat bereits G. Grühn in seiner Abhandlung über „die Temperaturverhältnisse Schleswig-Holsteins und Dänemarks"[1]) die fehlenden Mittelwerte der geraden Stunden auf die gleiche Weise abgeleitet. Als obere Zeitgrenze wurde für das Beobachtungsmaterial das Jahr 1908 gewählt; nur für die Zugspitze habe ich noch die Registrierungen des Jahres 1909 hinzugenommen, um eine vierjährige Reihe zu erhalten. Die Einzelwerte sind teils den Publikationen der meteorologischen Institute, teils bereits veröffentlichten Sonderabhandlungen über den täglichen Gang der Temperatur der betreffenden Stationen entnommen worden; doch habe ich im letzteren Falle, sobald noch weitere Jahrgänge vorlagen, die Mittelwerte neu berechnet. Für einige Stationen aber, deren Auswertungen als Manuskripttabellen sich im Archiv des

---

[1]) Schulprogramme des Gymnasiums zu Meldorf. Meldorf 1896 und 1897.

Preußischen Meteorologischen Instituts befinden, werden hier überhaupt zum ersten Mal stündliche Temperaturwerte publiziert.

Über die Art und die Aufstellung der Instrumente geben die folgenden Stationsbeschreibungen den nötigen Aufschluß. Leider lassen die Publikationen hinsichtlich einer genaueren Schilderung der lokalen Verhältnisse meist vollständig im Stich; es ist dies besonders zu bedauern, da Untersuchungen über die Aufstellung von Thermometern stets gezeigt haben, daß abgesehen von den Fehlern, die durch die Art der Beschirmung und durch das Instrument selbst hervorgerufen werden, vor allem auch die nächste Umgebung des Standortes einen großen Einfluß auf die Bestimmung der Temperatur ausübt. Infolgedessen war es häufig nicht möglich, für die Unregelmäßigkeiten im Verlauf des täglichen Ganges der Temperatur eine bestimmte Erklärung zu geben, es konnten vielmehr nur Vermutungen über ihre Ursache ausgesprochen werden. Aus allem aber geht hervor, daß Registrierinstrumente neben gutem Funktionieren und einer einwandfreien Aufstellung einer steten und gewissenhaften Überwachung bedürfen und daß ihre Aufzeichnungen keineswegs den absoluten Messungen gleichkommen, sondern immer mehr oder weniger nur als Relativwerte angesprochen werden müssen.

Stationsbeschreibungen und Nachweis des Beobachtungsmaterials.

Königsberg in Preußen. In Königsberg besteht seit dem 1. Mai 1848 eine Station II. Ordnung. Sie war bis zum Juli 1887 auf der Kgl. Sternwarte im Nordwesten der Stadt, dann vorübergehend in dem nahegelegenen Botanischen Garten untergebracht und wurde im Oktober 1889 nach dem Grundstück des städtischen Wasserhebewerkes verlegt, das sich im niedrigen Teil der Stadt unfern des Pregels und in der Nähe des Ostbahnhofes befindet. Die Lage des Stationsterrains ist eine sehr freie, und die Instrumente haben in dem großen Garten, der das Maschinenhaus des Hebewerkes umschließt, eine günstige Aufstellung gefunden. Der Thermograph (Richard frères) ist seit dem Ausgang des Jahres 1889 in Tätigkeit und steht in einer vergrößerten englischen Hütte. Diese mußte im Jahre 1901 infolge des Heranwachsens der umgebenden Sträucher etwas höher gestellt werden, wodurch h_t sich um 0.5 m änderte.

Die aus den Registrierungen gewonnenen Temperaturwerte werden (seit 1903 nur noch in Form von mittleren Stundenwerten) vom Kgl. Preußischen Meteorologischen Institut, dem die Station unterstellt ist, in seiner jährlichen Veröffentlichung »Ergebnisse der Beobachtungen an den Stationen II. und III. Ordnung« mitgeteilt. Sie sind eingehender diskutiert worden von Prof. Dr. H. Kienast in seinen beiden Arbeiten: Auswertung der durch den Thermographen zu Königsberg in den Jahren 1890 bis 1893 gewonnenen Temperaturregistrierungen. Programmabh. (Königsberg 1894). 8°. 45 S., 13 Tab., 11 Tafeln. — Das Klima von Königsberg i. Pr. Teil II. Der Gang der Lufttemperatur nach Stundenwerten der Jahre 1890—1903. Königsberg i. Pr. 1904. 8°. 39 S., 1 Taf. Für die Benutzung der der letztgenannten Abhandlung beigegebenen »Monatlichen Mittelwerte der stündlichen Aufzeichnungen der Lufttemperatur« sei darauf aufmerksam gemacht, daß für Januar 1892 irrtümlich die Werte für Februar 1892 eingesetzt sind, so daß das Gesamtmittel des Januar gefälscht ist; auch sonst sind in den Tabellen einige Druckfehler stehen geblieben, die hier berichtigt wurden.

Wustrow in Mecklenburg (auf dem Fischlande). Das Navigationsschulgebäude, an dem sich die meteorologische Station befindet, liegt frei an der Südwestseite von Wustrow. Der Thermograph (Richard frères), der von 1895 bis 1903 in Tätigkeit war und dann von der Deutschen Seewarte wegen schlechten Funktionierens eingezogen wurde, war an der Nordwand des Schulgebäudes in einem Gehäuse 2 m über dem Erdboden untergebracht.

Die Registrierungen sind in der von der Deutschen Seewarte herausgegebenen Publikation »Ergebnisse der Meteorologischen Beobachtungen an . . . Stationen II. Ordnung usw.« veröffentlicht.

Vamdrup in Jütland. Über die Lage der meteorologischen Station und die Aufstellung der Thermometer macht das Dänische Meteorologische Institut folgende Angaben:

Die meteorologische Station ist seit 1875 auf der Eisenbahnstation in Vamdrup untergebracht. Das Gelände ist eben. Das Stationsgebäude, aus Holz gebaut, liegt ziemlich frei und hat weder größere Anpflanzungen noch Gebäude in unmittelbarer Nähe.

Die Thermometer waren auf der nordwestlichen Seite des Stationsgebäudes in einem Thermometergehäuse vor einem Fenster des großen Zollsaales etwa 1.3 m über dem Bahnsteig aufgehängt. Das Gehäuse, das 45 cm hoch, 40 cm breit und 30 cm tief war, hatte auf den drei Seiten doppelte hölzerne Jalousien, während die vierte Seite vom Fenster gebildet wurde. Boden und Dach des Gehäuses bestanden aus durchlöcherten Brettern. Wenn nachmittags die Sonne das Thermometergehäuse bestrahlte, wurde die Temperatur an einem Thermometer abgelesen, das an der inneren Seite eines in einer offenen Veranda auf der nordöstlichen Ecke des Wohnhauses des Zollverwalters befindlichen Mauerpfeilers aufgehängt war. Die Thermometerkugel war von einem Zinkblechschirm umgeben; ihre Höhe über dem Boden der Veranda betrug 1.5 m und über dem Erdboden ca. 2.1 m.

Eine Bearbeitung des täglichen Ganges der Temperatur in Vamdrup auf Grund der 1875 bis 1886 angestellten zweistündigen Beobachtungen liegt vor, wie bereits erwähnt, von G. Grühn: Die Temperaturverhältnisse Schleswig-Holsteins und Dänemarks (Schulprogramme des Gymnasiums zu Meldorf. Meldorf 1896 und 1897).

Hamburg. Bevor die Deutsche Seewarte im Jahre 1881 ein eigenes Dienstgebäude erhielt, war sie in dem Seemannshaus auf der Elbhöhe untergebracht. Der Schreibersche Baro-Thermograph (beschrieben in dem Archiv der Deutschen Seewarte Jahrg. 1, Nr. 1, S. 18—25) befand sich an einem nördlichen Fenster der ersten Etage. Das Thermometergefäß stand von der Wand 0.6 m ab und war durch Schirme von Zinkblech vor Strahlung und Regen geschützt. Eine gleiche Aufstellung erhielt das Instrument auch in dem neuen Dienstgebäude der Seewarte vor einem Nordostfenster im Erdgeschoß. Im Jahre 1886 trat an die Stelle des Schreiberschen Thermographen ein solcher von Hipp, welcher ebenfalls in einem Jalousiegehäuse untergebracht war (beschrieben u. a. in der Instruktion für den meteorologischen Dienst der Deutschen Seewarte S. 34). Bei Störungen wurden die Registrierungen eines gleichartigen in einer Wildschen Thermometerhütte über dem Reservoir im Garten der Seewarte aufgestellten Thermographen eingesetzt. Seit dem 1. Mai 1905 werden die Registrierungen einem Richardschen Thermographen entnommen, der ebenfalls vor dem Nordostfenster im Erdgeschoß aufgestellt ist.

Die stündlichen Temperaturwerte in Hamburg veröffentlicht die Deutsche Seewarte in ihrer Jahrespublikation »Meteorologische Beobachtungen in Deutschland von . . . Stationen II. Ordnung usw.«, seit 1887 »Ergebnisse der Meteorologischen Beobachtungen von . . . Stationen II. Ordnung usw«. W. J. van Bebber hat die Aufzeichnungen von 1878 bis 1892 benutzt, um die tägliche und jährliche Periode der Temperatur abzuleiten (Annalen der Hydrographie und maritimen Meteorologie 1893, S. 484—489).

Bremen. Die Station befand sich von 1890 bis Ende November 1895 im äußersten Osten der Stadt in der Schönhausenstr. 43. Die englische Hütte mit dem Thermographen (Richard frères) hatte in dem Garten hinter dem Hause des Beobachters seine Aufstellung gefunden, die indessen nicht ganz den gestellten Anforderungen entsprach, da infolge der dortigen Bebauung des Geländes namentlich im Süden und Westen die natürliche Ventilation gehindert wurde. Mit der Verlegung des meteorologischen Observatoriums nach dem westlichen Stadtgebiet in das Hafenhaus des Freibezirkes ist dieser ungünstige Umstand in Wegfall gekommen; dennoch ist auch der neue Standort der englischen Hütte nicht ganz einwandfrei, da er dem Gebäude zu nahe gewählt worden ist.

Die Aufzeichnungen des Thermographen sind in dem »Meteorologischen Jahrbuch für Bremen« veröffentlicht, wo auch von P. Bergholz im Jahrgang 1895 eine Zusammenstellung der Ergebnisse für das Lustrum 1891 bis 1895 und im Jahrgang 1905 eine solche für die Periode 1891 bis 1905 gegeben wird. Im vorliegenden sind nur die Beobachtungen an dem Observatorium seit seiner Verlegung nach dem Hafenhaus 1896 bis 1908 herangezogen worden; doch sollen der Vollständigkeit halber auch für die Periode 1891 bis 1895 die Werte der Abweichungen der Stundenmittel vom Tagesmittel hier mitgeteilt werden, die der obigen Zusammenstellung entnommen sind. Dort finden sich auch auf Tafel II Kurven des täglichen Ganges der Temperatur für die angegebene Periode.

Tagesmittel und Abweichungen der Stundenmittel vom Tagesmittel.
Bremen (Schönhausenstraße).
1891—1895.

	Januar	Februar	März	April	Mai	Juni	Juli	August	Sept.	Okt.	Nov.	Dez.	Jahr
Tagesmittel	−2.65	0.36	3.50	7.97	12.27	14.85	16.53	16.17	13.26	8.78	4.10	0.56	7.98
1ᵃ	−0.57	−0.76	−1.70	−3.22	−3.95	−3.47	−3.11	−2.76	−2.36	−1.24	−0.77	−0.40	−2.02
2	−0.65	−0.92	−1.90	−3.59	−4.31	−3.82	−3.41	−3.03	−2.59	−1.41	−0.86	−0.47	−2.25
3	−0.69	−1.10	−2.12	−3.98	−4.64	−4.18	−3.72	−3.26	−2.87	−1.61	−0.94	−0.55	−2.47
4	−0.67	−1.22	−2.31	−4.26	−4.90	−4.38	−3.94	−3.44	−3.06	−1.73	−1.02	−0.53	−2.62
5	−0.68	−1.32	−2.47	−4.48	−4.89	−4.17	−3.83	−3.52	−3.19	−1.81	−1.09	−0.56	−2.67
6	−0.75	−1.32	−2.56	−4.20	−3.87	−3.35	−2.94	−3.13	−3.16	−1.88	−1.14	−0.63	−2.40
7	−0.85	−1.23	−2.23	−2.74	−1.65	−1.42	−1.22	−1.87	−2.38	−1.71	−1.19	−0.64	−1.59
8	−0.86	−1.15	−1.49	−1.18	−0.09	−0.07	+0.07	−0.55	−1.23	−1.34	−1.11	−0.67	−0.82
9	−0.73	−0.76	−0.52	+0.61	+1.47	+1.27	+1.29	+0.86	+0.22	−0.52	−0.70	−0.51	+0.17
10	−0.30	−0.22	+0.44	+1.97	+2.59	+2.29	+2.18	+1.97	+1.54	+0.53	+0.01	−0.17	+1.07
11	+0.27	+0.46	+1.37	+2.94	+3.40	+2.91	+2.81	+2.73	+2.39	+1.52	+0.80	+0.32	+1.83
12	+0.77	+1.13	+2.14	+3.59	+4.02	+3.51	+3.13	+3.14	+2.96	+2.18	+1.42	+0.83	+2.40
1ᵖ	+1.16	+1.56	+2.30	+4.22	+4.50	+3.96	+3.50	+3.48	+3.15	+2.66	+1.79	+1.15	+2.84
2	+1.37	+1.89	+3.14	+4.64	+4.77	+4.16	+3.55	+3.84	+3.89	+2.79	+1.94	+1.29	+3.10
3	+1.25	+1.92	+3.16	+4.70	+4.79	+4.30	+3.78	+3.92	+3.88	+2.68	+1.81	+1.16	+3.11
4	+0.97	+1.74	+2.91	+4.41	+4.30	+3.77	+3.33	+3.51	+3.42	+2.25	+1.35	+0.88	+2.74
5	+0.64	+1.32	+2.43	+3.76	+3.68	+3.23	+2.83	+2.89	+2.77	+1.42	+0.87	+0.56	+2.20
6	+0.40	+0.82	+1.66	+2.79	+2.68	+2.32	+2.08	+2.08	+1.95	+1.74	+0.68	+0.50	+1.50
7	+0.22	+0.44	+0.78	+1.34	+1.36	+1.37	+1.15	+0.88	+0.68	+0.14	+0.26	+0.07	+0.72
8	+0.11	+0.15	+0.16	+0.09	−0.02	+0.04	+0.05	−0.20	−0.44	−0.22	−0.10	−0.05	+0.01
9	+0.04	−0.10	−0.33	−0.87	−1.19	−1.04	−0.91	−1.07	−0.82	−0.51	−0.22	−0.16	−0.60
10	−0.04	−0.28	−0.78	−1.62	−1.90	−1.65	−1.68	−1.30	−0.73	−0.43	−0.30	−1.06
11	−0.17	−0.47	−1.10	−2.18	−2.75	−2.58	−2.27	−2.16	−1.75	−0.96	−0.60	−0.44	−1.45
12	−0.32	−0.65	−1.39	−2.65	−3.32	−3.07	−2.75	−2.51	−2.11	−1.17	−0.71	−0.53	−1.76

Eberswalde. Die beiden Beobachtungsstellen der forstlich-meteorologischen Station — die Feld- und Waldstation — liegen im Süden des östlichen Teiles der Stadt auf dem Drachenkopf. Die Entfernung beider Stationen von einander beträgt ungefähr 400 m, der kürzeste Abstand der Waldstation vom Waldrande ca. 250 m. Die Feldstation befindet sich auf mäßig welligem Ackerland, die Waldstation in einem hohen etwas lichten Kiefernbestand. Die achtjährigen Temperaturregistrierungen wurden mit zwei Thermographen von Richard frères gewonnen, die in einer forstlichen Hütte von etwas veränderter Form untergebracht waren. Nach Müttrich, der die Registrierungen in seiner Abhandlung: Über den Einfluß des Waldes auf die Lufttemperatur nach den in Eberswalde an verschieden aufgestellten Thermometern gemachten Beobachtungen (Zeitschr. für Forst- und Jagdwesen 1900, S. 147 ff. und Met. Zeitschr. 1900, S. 356—372) bearbeitet hat, besteht der Hauptunterschied dieser Hütte gegen die forstliche Hütte außer in dem fehlenden Boden noch darin, daß der hölzerne Kasten, dessen Wände aus 1 cm starken Brettern hergestellt sind, rings herum, sowohl auf seinen drei Seitenwänden, als auch oben mit einer Umhüllung umgeben ist, welche überall 6 cm von den Holzwänden entfernt ist und aus weiß angestrichenem Zinkblech besteht.

Die Temperaturregistrierungen vom 1. Mai 1889 bis 30. April 1897 sind für jede zweite Stunde veröffentlicht in den »Jahresberichten über die Beobachtungs-Ergebnisse der von den forstlichen Versuchsanstalten des Königreichs Preußen, des Herzogthums Braunschweig, der Reichslande und dem Landesdirectorium der Provinz Hannover eingerichteten forstlich-meteorologischen Stationen«. Müttrich hat in der oben angeführten Abhandlung Mittelwerte dieser zweistündlichen Beobachtungen gebildet; in der Tabelle für die Feldstation sind dabei zwei Fehler unterlaufen, indem die Werte für 8ᵖ im Januar und für 10ᵃ im April falsch angegeben werden.

Berlin. An der Kgl. Landwirtschaftlichen Hochschule in Berlin N, Invalidenstraße 42 wird die Temperatur von einem Fueßschen Thermographen registriert, der sich in einer der englischen nachgebildeten Hütte auf dem Dach des Gebäudes befindet, wo an der Südwestecke für meteorologische Apparate eine Plattform hergestellt ist. Die Höhe des Thermometergefäßes über dem Dach beträgt 2.3 m.

Die gegebenen stündlichen Mittelwerte wurden der Abhandlung von R. Börnstein und E. Less: Die Temperaturverhältnisse in Berlin. Nach Aufzeichnungen an der Kgl. Landwirtschaftlichen Hochschule. Meteorol. Zeitschr. 1898, S. 321 ff. entnommen. Dort, sowie in der Zeitschr. f. Instrumentenkunde 1883, S. 197—198 findet sich auch eine genauere Beschreibung des benutzten Thermographen.

Ruhleben bei Spandau. Seit dem Jahre 1888 unterhält die Kgl. Gewehrprüfungskommission auf dem Gelände der Infanterie-Schießschule in Ruhleben, 1½ km südöstlich von Spandau, eine meteorologische Station II. Ordnung. Der Sprung-Fueßsche Baro-Thermograph (beschrieben in der Zeitschrift für Instrumentenkunde 1886, S. 189—198) befindet sich in einer Wildschen Hütte, die auf einem freien Rasenplatz im Norden eines kleinen zweistöckigen Fachwerkhauses, etwa 3 m von der Hauswand entfernt, aufgestellt ist.

Die Temperaturregistrierungen werden an Ort und Stelle ausgewertet und die gewonnenen Daten dem Kgl. Meteorologischen Institut abschriftlich mitgeteilt.

Potsdam. Das Observatorium des Kgl. Preußischen Meteorologischen Instituts liegt südlich von der Stadt Potsdam auf dem sogenannten Telegraphenberg, einem hügeligen Gelände des linken Ufers der sich hier seeartig erweiternden Havel. Das ziemlich ausgedehnte Grundstück, auf dem sich noch das Kgl. Astrophysikalische Observatorium und das Kgl. Geodätische Institut befinden, ist rings von mehr oder weniger dichtem Wald umgeben, der namentlich nach SSW sich weit ausdehnt, im NW und NE aber schon in einer Entfernung von 1¾ km endet. Das Meteorologische Observatorium besteht aus einem 17 m hohen Hauptgebäude und einem sich anschließenden Turm von etwa 32 m Höhe; im Süden ist eine Wiese eingeebnet, auf der u. a. auch eine große englische Hütte mit Thermometern, einem Richardschen Thermographen und einem Hygrographen steht. Eine genau gleiche Thermometerhütte ist auf dem Turm des Observatoriums errichtet und zwar in der Weise, daß auch hier die Instrumente sich 2 m über dem Boden, bezw. über der Plattform des Turmes befinden.

Die Temperaturregistrierungen auf der Wiese werden in der jährlichen Publikation des Meteorologischen Instituts »Ergebnisse der Meteorologischen Beobachtungen in Potsdam« in extenso mitgeteilt, während die Veröffentlichung der Stundenwerte auf dem Turm mit dem Jahre 1904 eingestellt worden ist. K. Knoch hat die 12jährige Beobachtungsreihe 1893 bis 1904 von »Wiese« und »Turm« zu einer Studie über die Temperatur- und Feuchtigkeitsverhältnisse in verschiedener Höhe über dem Erdboden benutzt und stündliche Mittelwerte der Temperatur abgeleitet (Abhandl. des Kgl. Preuß. Meteorol. Instituts Bd. III, Nr. 2), während M. Sassenfeld in seiner Arbeit: Zur Kenntnis der täglichen Periode der Temperatur in der untersten Luftschicht (Meteorol. Zeitschrift 1906, S. 24—30) sich auf den fünfjährigen Zeitraum 1896 bis 1900 beschränkte. Da es für manche Untersuchungen von Wichtigkeit sein dürfte, von »Wiese« und »Turm« Mittelwerte aus gleichzeitigen Beobachtungen zu besitzen, sollen für die »Wiese« hier die Abweichungen der Stundenmittel vom Tagesmittel, abgeleitet aus den Registrierungen 1893 bis 1904, auf der folgenden Seite noch gegeben werden.

Magdeburg. Die Wetterwarte der Magdeburgischen Zeitung ist von den Besitzern der betreffenden Zeitung, A. und R. Faber, erbaut und als Station I. Ordnung eingerichtet worden. Sie liegt am äußersten Westrande der Stadt, an der Ecke der Guericke- und Bahnhofstraße, wo sich die Fabersche Buchdruckerei befindet. Im W gegenüber der Wetterwarte breitet sich das umfangreiche Bahngelände aus, so daß ein Teil der Instrumente (Thermometer und Regenmesser) im Garten des Bahnhofs ihre Aufstellung gefunden hat. Die hier mitgeteilten Mittelwerte sind aus den Aufzeichnungen eines Sprung-Fueßschen Baro-Thermographen (beschrieben in der Zeitschrift für Instrumentenkunde 1886, S. 189—198) abgeleitet worden. Das für den Thermographen dienende doppelwandige zylindrische Kupfergefäß, das mit Stickstoff gefüllt ist, steckt in einer Holzjalousie-Hütte an der Nordwand des ersten Stockwerks der Wetterwarte in 4 m Höhe über dem Erdboden.

Tagesmittel und Abweichungen der Stundenmittel vom Tagesmittel.
Potsdam (Observatorium-Wiese) (S. 11).
1893—1904.

	Januar	Februar	März	April	Mai	Juni	Juli	Aug.	Sept.	Okt.	Nov.	Dez.	Jahr
Tagesmittel	−1.34	0.16	3.69	7.76	12.15	16.03	17.65	16.75	13.19	8.54	3.49	0.16	8.18
1a	−0.64	−1.03	−1.64	−2.67	−3.28	−3.45	−3.16	−2.89	−2.44	−1.41	−0.79	−0.40	−1.98
2	−0.73	−1.14	−1.89	−3.00	−3.70	−3.91	−3.57	−3.23	−2.72	−1.56	−0.89	−0.58	−2.23
3	−0.81	−1.21	−2.15	−3.27	−4.04	−4.30	−3.92	−3.58	−2.92	−1.73	−0.96	−0.59	−2.45
4	−0.86	−1.29	−2.36	−3.51	−4.31	−4.55	−4.22	−3.83	−3.12	−1.86	−1.03	−0.65	−2.63
5	−0.91	−1.35	−2.74	−4.32	−4.38	−4.19	−4.03	−3.34	−2.00	−1.14	−0.72	−2.71	
6	−0.96	−1.43	−2.66	−3.60	−3.58	−3.27	−3.46	−3.70	−3.40	−2.11	−1.22	−0.77	−2.51
7	−0.92	−1.46	−2.47	−2.70	−2.12	−1.72	−1.90	−2.60	−2.91	−2.07	−1.26	−0.77	−1.90
8	−0.95	−1.36	−1.82	−1.25	−0.67	−0.33	−0.58	−0.88	−1.59	−1.58	−1.21	−0.82	−1.08
9	−0.74	−0.79	−0.60	+0.14	+0.74	+0.92	+0.77	+0.68	+0.19	−0.38	−0.70	−0.66	−0.02
10	−0.19	+0.15	+0.63	+1.47	+1.89	+2.04	+1.90	+1.92	+1.77	+1.00	+0.24	−0.14	+1.06
11	+0.57	+1.02	+1.64	+2.38	+2.71	+2.84	+2.76	+2.86	+2.85	+2.04	+1.07	+0.57	+1.95
12	+1.20	+1.63	+2.32	+3.02	+3.41	+3.50	+3.47	+3.52	+3.56	+2.81	+1.73	+1.17	+2.62
1p	+1.60	+2.09	+2.91	+3.52	+3.82	+4.03	+3.91	+3.99	+4.10	+3.19	+2.14	+1.50	+3.07
2	+1.77	+2.35	+3.27	+3.94	+4.23	+4.30	+4.20	+4.31	+4.39	+3.27	+2.25	+1.49	+3.33
3	+1.50	+2.22	+3.37	+3.94	+4.19	+4.10	+4.05	+4.38	+4.26	+3.00	+1.83	+1.12	+3.18
4	+1.06	+1.88	+3.06	+3.76	+4.05	+3.98	+3.87	+4.13	+3.88	+2.29	+1.19	+0.66	+2.82
5	+0.63	+1.18	+2.40	+3.60	+3.53	+3.38	+3.41	+2.77	+1.16	+0.65	+0.38	+2.10	
6	+0.40	+0.58	+1.41	+2.41	+2.83	+2.74	+2.60	+2.33	+1.29	+0.43	+0.35	+0.18	+1.47
7	+0.20	+0.27	+0.59	+1.12	+1.59	+1.66	+1.65	+0.86	+0.15	−0.01	+0.09	−0.06	+0.68
8	+0.04	±0.00	+0.06	+0.10	+0.15	+0.27	+0.04	−0.34	−0.50	−0.32	−0.12	−0.02	−0.05
9	−0.05	−0.24	−0.34	−0.55	−0.78	−0.99	−0.99	−0.93	−0.57	−0.09	−0.11	−0.56	
10	−0.26	−0.50	−0.78	−1.19	−1.55	−1.83	−1.69	−1.58	−1.40	−0.91	−0.48	−0.25	−1.03
11	−0.42	−0.69	−1.02	−1.68	−2.15	−2.43	−2.22	−2.10	−1.83	−1.16	−0.65	−0.36	−1.39
12	−0.52	−0.84	−1.38	−2.13	−2.68	−2.95	−2.74	−2.51	−2.18	−1.40	−0.80	−0.39	−1.70

Da mit dem Jahre 1900 das »Jahrbuch der Meteorologischen Beobachtungen der Wetterwarte der Magdeburgischen Zeitung« sein Erscheinen eingestellt hat, stand nur eine 4jährige Beobachtungsreihe zu Gebote.

Wasserleben. Die Zuckerfabrik Wasserleben, an der die Station des Kgl. Preußischen Meteorologischen Instituts untergebracht ist, liegt im nördlichen Vorlande des Harzes, 1 km nördlich vom Dorf gleichen Namens. Das Terrain ist nahezu völlig eben, die nächsten Harzberge im SW, sowie der nördlich sich erhebende Große Fallstein sind von der Station 9 km entfernt, so daß sie eine gute Basisstation zum Brocken bildet. In dem östlichen Teil des zur Fabrik gehörigen Nutzgartens ist an einwandfreier Stelle eine englische Hütte mit Psychrometer, Extremthermometer und einem Richardschen Thermographen aufgestellt.

Die Temperaturregistrierungen für das Jahr 1899 wurden den im Kgl. Preußischen Meteorologischen Institut aufbewahrten Originaltabellen, für die späteren Jahre der Publikation »Ergebnisse der Beobachtungen an den Stationen II. und III. Ordnung« entnommen, wo sie in Form von mittleren Stundenmitteln gegeben werden.

Uslar. In Uslar hatte Stanhope Eyre, Engländer von Geburt, aus eigenen Mitteln ein meteorologisches Observatorium errichtet, dessen Beobachtungen seit dem Jahre 1894 regelmäßig an das Kgl. Preußische Meteorologische Institut eingesandt wurden. Das Observatorium, das im Jahre 1907 infolge Kränklichkeit des Besitzers (gest. 1908) seine Tätigkeit einstellen mußte, lag nahe am nördlichen Rande der Stadt. Der Thermograph (Richard frères) war nebst den anderen zur Ermittelung der Temperatur und Feuchtigkeit der Luft dienenden Instrumenten in einer der Wildschen ähnlichen Hütte untergebracht, die in dem nur auf zwei Seiten von kleineren Häusern begrenzten Garten stand. Der Thermograph, sowie die Extremthermometer und ein Kontrollthermometer waren noch von einem schwach ventilierten Zinkgehäuse umgeben.

Die stündlichen Mittelwerte sind aus den Originaltabellen berechnet worden, die im Archiv des Kgl. Preußischen Meteorologischen Instituts aufbewahrt werden.

Aachen. Von Aachen liegen stündliche Temperaturbeobachtungen an 4 Stationen vor: Stadtwald, Alfonsstraße, Meteorologisches Observatorium und Gasanstalt. Während die Werte der 3 ersten Stationen von Registrierinstrumenten herrühren und nach Ortszeit bestimmt sind, werden an der außerhalb des Stadtbezirkes in nordnordöstlicher Richtung gelegenen Gasanstalt (Seehöhe 154 m) seit dem 1. Dezember 1895 an einem Fueßschen Thermometer, das in einer englischen Hütte 2.2 m über dem Erdboden untergebracht ist, stündliche Ablesungen nach mitteleuropäischer Zeit vorgenommen. Sie sind von mir nicht benutzt worden. Von den Stationen Stadtwald und Alfonsstraße sind Temperaturregistrierungen für das Lustrum 1896 bis 1900 vorhanden, die von P. Polis im »Deutschen Meteorologischen Jahrbuch für 1901. Aachen«, S. 21—35, eingehend diskutiert werden. Im Jahre 1900 wurden beide Stationen aufgehoben und die Beobachtungen an dem neu errichteten Observatorium begonnen.

Der Aachener Stadtwald, dessen langgestreckter Rücken sowohl nach SW, als auch nach NE um ca. 100 m steil abfällt, erhebt sich in einer Entfernung von etwa 4 km südsüdwestlich von der Stadt. Die meteorologische Station war mitten im Wald am Aussichtsturm, auf der höchsten Erhebung des Stadtwaldes, errichtet. Der Thermograph (Richard frères) befand sich in einer englischen Hütte, die auf der Lichtung in der Nähe des Turmes Aufstellung gefunden hatte.

In der Alfonsstraße Nr. 29 an der östlichen Peripherie der Stadt war die englische Hütte in dem nach E anstoßenden Garten so aufgestellt, daß sie die Gartenmauern überragte. Bis Dezember 1899 war ein Richardscher, dann ein Fueßscher Thermograph in Gebrauch. Am 11. Juni 1900 fand die Verlegung nach dem Observatorium statt.

Das Meteorologische Observatorium erhebt sich nördlich von der Stadt auf dem Wingertsberg, dem höchsten Punkt.des parkartig angelegten Stadtgartens. Als Instrumentenwiese dient von den das Observatorium umgebenden Rasenflächen die südwestlich liegende, wo auch die englische Hütte mit dem Fueßschen Thermographen aufgestellt ist. Die Registrierungen werden in der bereits genannten Veröffentlichung des Meteorologischen Observatoriums Aachen mitgeteilt.

Kaiserslautern. Die meteorologische Station, die im Jahre 1869 errichtet wurde, befindet sich in der Kreisrealschule am nordwestlichen, etwas erhöhten Ende der Stadt. Der Hippsche Thermograph (beschrieben u. a. in der Instruktion für den meteorologischen Dienst der Deutschen Seewarte S. 34) ist vor einem nach NNW gerichteten Fenster in einem Gehäuse mit Blechjalousien angebracht.

Die Registrierungen der Temperatur für die Jahre 1884—1889 mit Ausnahme der Zeit Dezember 1886 bis Januar 1888, wo der Thermograph nicht genügend funktionierte, sind in der von der Deutschen Seewarte herausgegebenen Publikation »Meteorologische Beobachtungen in Deutschland von ... Stationen II. Ordnung usw.« veröffentlicht.

Von der Heydt-Grube. Die Siedelung Von der Heydt-Grube liegt auf einem sich allmählich zum Tal der Saar senkenden Hügelland, an dessen östlichem Abhange in ziemlich freier Lage das massive Wohnhaus des meteorologischen Beobachters, des Markscheiders Knies, steht. Der Höhenunterschied zwischen der Talsohle und der meteorologischen Station beträgt etwa 48 m. Seit April 1889 ist ein Richardscher Thermograph in einem Gehäuse mit Jalousiebeschirmung an der Nordwand des Hauses untergebracht.

Die Aufzeichnungen des Thermographen für die Zeit 1890—1899 sind vom Beobachter selbst ausgewertet und als zehnjährige Mittelwerte in der Meteorologischen Zeitschrift 1905, S. 83—85, veröffentlicht worden. Die vorliegenden Werte verdanke ich indessen einer schriftlichen Mitteilung des Autors, da in der Meteorologischen Zeitschrift die Werte nur mit einer Dezimalstelle gegeben werden.

Straßburg i. E. Die meteorologische Station wurde am Schluß des Jahres 1891 von dem im Südwesten der Stadt nahe der Umwallung gelegenen Lehrerseminar nach der Universität an der südöstlichen Peripherie von Straßburg verlegt. Die Thermometer und der Thermograph (Richard frères) haben ihre Aufstellung in einem Gehäuse gefunden, das an der genau nach N gerichteten Nordwand des Passagensaales der Universitätssternwarte angebracht ist. Die Sternwarte wird von dem großen Universitätsgarten umgeben, auch ist das anliegende Gelände noch wenig bebaut.

Im Münster ist der Thermograph (Richard frères) in einer der Luken, die sich in der Bedeckung der Laterne über der Krone der Münsterspitze, unmittelbar unter dem Kreuz, vorfinden, an der Nordseite aufgestellt, wo er vollständigen Schutz gegen Sonnenstrahlen hat und der hier immer starken Luftbewegung frei ausgesetzt ist. Ein kleines Zinkblechgehäuse schützt ihn außerdem gegen eine eventuelle Ausstrahlung des hier noch dazu sehr durchbrochen gebauten Turmes. Wegen der schwierigen Ersteigungsverhältnisse des Turmes werden die Apparate nur zweimal wöchentlich nachgesehen.

In den »Ergebnissen der meteorologischen Beobachtungen im Reichsland Elsaß-Lothringen« werden bloß die Temperaturwerte der geraden Stunden publiziert. Zweistündliche Mittelwerte für die Monate Dezember und Januar, April und September, Juni und Juli aus den 5 jährigen Registrierungen 1892—96 hat bereits v. Hann zur Erforschung der vertikalen Temperaturschichtung gebildet und in der Meteorologischen Zeitschrift 1901, S. 213 veröffentlicht.

München. Die Sternwarte befindet sich an der Peripherie der rechts der Isar gelegenen Vorstadt Bogenhausen und steht ganz frei auf einer kleinen Anhöhe inmitten eines großen Parkes. Das Lamontsche Registrierthermometer (Metallthermometer) war auf der Nordseite vor dem mittleren Fenster des Beobachtungssaales angebracht.

Eine eingehende Bearbeitung haben die Beobachtungen, die 1848—1869 nur stündliche Punkt-, 1870—1880 aber kontinuierliche Registrierungen sind, in der Abhandlung von Fr. Erk erfahren: Die Bestimmung wahrer Tagesmittel der Temperatur (Abh. d. kgl. bayer. Ak. d. Wiss. II. Cl. XIV. Bd. II. Abth.), wo die Abweichungen der Stundenmittel vom 24 stündigen Mittel gegeben werden. Diese Werte sind gleichzeitig in den »Beob. d. meteorol. Stat. i. Kgr. Bayerns«, IV. Jahrg. 1882, S. 183, publiziert und auch von Valentin in seiner bereits erwähnten Untersuchung abgedruckt. Wie jedoch Erk in den »Beob. d. meteorol. Stat.«, VI. Jahrg. 1884, S. XLVIII—LI näher auseinandersetzt, war bei der obigen Berechnung durch ein Mißverständnis versäumt worden, an den in der Grundtabelle enthaltenen Stundenmitteln die Instrumentalkorrektionen anzubringen, so daß sich eine Umrechnung nötig machte. Die vorliegenden Mittelwerte entstammen der in der Meteorol. Zeitschr. 1885, S. 281—299 erschienenen Arbeit von Erk: Ueber die Darstellung der stündlichen und jährlichen Verteilung der Temperatur durch ein einziges (Thermo-Isoplethen-)Diagramm und dessen Verwendung in der Meteorologie.

Prag. Die mitgeteilten Stundenmittel sind der Arbeit von F. Augustin: Der tägliche Gang der meteorologischen Elemente auf der Petrinwarte in Prag (Meteorol. Zeitschr. 1904, S. 113 ff.) entnommen. Über die Lage der Station und die Aufstellung der Thermographen finden wir folgende Angaben: Die Petrinwarte ist ein eiffelturmartiges, 60 m hohes Gebäude auf dem Laurentiusberge, der sich auf der linken Moldauseite ca. 150 m über dem Fluß erhebt. Der Richardsche Thermograph ist zusammen mit einem Hygrographen auf der Galerie der zweiten Etage gegen N in einem luftigen Gehäuse, 49 m über dem Erdboden, untergebracht.

Im Garten des städtischen Wasserwerkes, in der nächsten Umgebung der Petrinwarte, befindet sich ein zweiter Richardscher Thermograph nebst Thermometern in einem luftigen Gehäuse auf der Nordseite eines kleinen Pavillons, 1.80 m über dem Erdboden. Der Garten ist durch Erdaufschüttung um 2 m gegenüber der Umgebung erhöht.

Den langjährigen Temperaturaufzeichnungen an der Sternwarte (H = 197 m) kann wegen der für Temperaturbeobachtungen an und für sich ungeeigneten Lage der Station, sowie wegen der schlechten Aufstellung der Instrumente kein großer Wert beigemessen werden. Eine nähere Charakterisierung des von dieser Station vorhandenen Materials gibt Valentin auf S. 14—17 seiner Abhandlung. Es liegen vor stündliche und zweistündige direkte Beobachtungen bei Tag und teilweise auch in der Nacht von 1839 bis 1843, stündliche Werte für die Jahre 1844 bis 1867 und 1869 und zweistündige Werte seit 1870.

Chemnitz. Das Kgl. sächsische meteorologische Institut war bis Mitte des Jahres 1905 im Schloß zu Chemnitz an der nordwestlichen Peripherie der Stadt untergebracht und ist sodann nach Dresden-Neustadt verlegt worden. Die Temperaturregistrierungen für die Zeit von 1887 bis 1899 rühren von einem Thermographen (Richard frères) her, der in einer Thermometerhütte im hinteren Garten des Schlosses aufgestellt war.

Die Stundenwerte sind in dem »Jahrbuch des Königlich sächsischen meteorologischen Institutes« veröffentlicht.

Leipzig. Die Leipziger Sternwarte liegt im SE der Stadt im Johannistale. Die 5 jährigen Temperaturregistrierungen 1871 bis 1875 sind von einem Schadewellschen Thermographen aufgezeichnet worden, über dessen Einrichtung C. Bruhns in den »Resultaten aus den meteorologischen Beobachtungen angestellt an fünfundzwanzig Königl. Sächsischen Stationen im Jahre 1871«, S. 77 kurz berichtet. Der Apparat war in dem stets ungeheizten meteorologischen Turm im Garten der Sternwarte aufgestellt. Der thermometrische Körper befand sich im Freien 25 cm vom Fenster entfernt und war durch ein Metallgehäuse und Holzjalousien geschützt.

Die stündlichen Werte sind in den betreffenden Jahrgängen der oben genannten Publikation veröffentlicht.

Grünberg in Schlesien. Grünberg liegt inmitten eines Hügellandes, das rings um die Stadt allenthalben mit Weinanpflanzungen bedeckt ist; erst in größerer Entfernung von über 3 km schließen sich ausgedehnte Waldungen an. Die meteorologische Station ist in der Großen Fabrikstraße untergebracht, wo ein großer Garten den Regenmesser und die englische Hütte mit einem Fueßschen Thermographen beherrbergt.

Die zur Mittelbildung benutzten Registrierungen sind vom Beobachter ausgewertet worden und werden im Archiv des Kgl. Preußischen Meteorologischen Instituts aufbewahrt.

Görbersdorf in Schlesien. In Görbersdorf ist von der dortigen Brehmerschen Heilanstalt für Lungenkranke im Jahre 1889 ein meteorologisches Observatorium mit Wohnräumen für den Beobachter, einem großen Laboratorium und einer Bibliothek errichtet worden. Für die Aufstellung der Instrumente dient eine Plattform und ein turmartiger Anbau, sowie ein abgetrenntes größeres Stück des westlich vom Observatorium sich ausdehnenden Blumen- und Gemüsegartens, wo u. a. auch die englische Hütte mit dem Richardschen Thermographen steht.

Die vorliegenden Mittelwerte wurden aus den handschriftlichen Tabellen berechnet, die von dem Observatorium bei dem Kgl. Preußischen Meteorologischen Institut eingegangen sind. Für die Zeit vom Juli 1894 bis zum Juni 1899 liegen keine Werte vor.

Krakau. Die Universitätssternwarte, an der seit Dezember 1867 die Lufttemperatur registriert wird, liegt vollständig frei außerhalb der Stadt in der Ebene. Der Thermograph (Richard frères) ist nach einer schriftlichen Mitteilung des Direktors der Sternwarte, Prof. M. Rudzki, in einer Hütte am NNW-Fenster eines ungeheizten Zimmers im zweiten Stock in 12 m Höhe über dem Erdboden aufgestellt. Regelmäßig seit Jahren wird das Instrument im Sommer, sobald abends die Sonnenstrahlen die Hütte treffen, nach einer zweiten Hütte vor dem NEE-Fenster desselben Zimmers gebracht. Diese zweite Hütte besteht erst seit zwei Jahren, früher war ein einfaches Brett an ihrer Stelle. Neben dem Thermographen befindet sich ein Thermometer, auf dessen Angaben die Registrierungen stets reduziert werden. Das Thermometer wird zu diesem Zweck von 7^a bis 10^p und bisweilen auch während der Nacht, sofern ein Beamter im Bureau tätig ist, stündlich abgelesen.

Die hier mitgeteilten Werte sind dem in der Meteorologischen Zeitschrift 1910, S. 472 gegebenen Artikel von H. Weigt entnommen. Hierzu sei auf einen Druckfehler aufmerksam gemacht, indem im Juni für 2^p der Wert 3.57 statt 3.37 einzusetzen ist. Neuerdings wird in der Meteorologischen Zeitschrift 1912, S. 254 eine eingehende kritische Bearbeitung aller an der Sternwarte aufgezeichneten Temperaturbeobachtungen von demselben Verfasser angezeigt. Sie betitelt sich: »Der tägliche Gang der Lufttemperatur in Krakau nach 28 jährigen Beobachtungen« und ist in den Berichten der physiographischen Kommission in Krakau Bd. 44, S. 81—115, 1910 erschienen.

Valentin hat in seiner Abhandlung über den täglichen Gang der Lufttemperatur in Österreich die von Karlinski aus den Registrierungen vom 1. Dezember 1867 bis 30. April 1873 berechneten Mittelwerte gegeben. Diese Aufzeichnungen, die übrigens auch von Weigt als einwandfrei bezeichnet werden, stammen von einem Pfeiferschen Thermographen (Metallthermographen) her. Seine Aufstellung scheint im wesentlichen die gleiche gewesen zu sein wie die des jetzigen Richardschen Thermographen.

Brocken. Das Brocken-Observatorium des Kgl. Preußischen Meteorologischen Instituts bildet einen turmartigen Anbau an die Nordseite des auf dem höchsten Punkt der Bergkuppe errichteten Gasthauses. Dem schwach geneigten Dach ist eine hölzerne Plattform aufgesetzt, die den anstoßenden Nordflügel des Hotels um 2 ¹/₄ m überragt. In ihrer Nordwestecke steht eine große englische Hütte, die u. a. auch einen Richardschen Thermographen enthält.

Die Registrierungen der Lufttemperatur werden als stündliche Werte in der Publikation des Kgl. Preußischen Meteorologischen Instituts »Ergebnisse der Beobachtungen an den Stationen II. und III. Ordnung« veröffentlicht.

Schneekoppe. Das zum Kgl. Preußischen Meteorologischen Institut gehörige Observatorium erhebt sich auf der Westseite der steil abfallenden Bergkuppe, so daß das Gelände nur nach E um weniger als 1 m bis zum höchsten etwa 20 m entfernten Punkt des Gipfels ansteigt. Auf der Plattform des Turmes des Observatoriums hat eine große Thermometerhütte mit Psychrometer, Extremthermometer, Thermograph (System Aßmann Fueß) und Hygrograph Aufstellung gefunden.

Die jährliche Veröffentlichung des Kgl. Preußischen Meteorologischen Instituts »Ergebnisse der Beobachtungen an den Stationen II. und III. Ordnung« gibt von den Temperaturregistrierungen nur die aus ihnen abgeleiteten mittleren Stundenmittel.

Zugspitze. Das meteorologische Observatorium auf der Zugspitze, dem höchsten Berg in Deutschland, wurde im Jahre 1900 errichtet und untersteht der Kgl. Bayerischen Meteorologischen Centralstation. Der Thermograph (Richard frères) befindet sich in einem mit Jalousien versehenen Anbau (screen) vor dem nach NW gelegenen Fenster des sogenannten Instrumentenzimmers im zweiten Stock des meteorologischen Turmes. Da dieser bis direkt an den Absturz ins bayerische Schneekar herangerückt ist, läßt sich für h_t ein bestimmter Wert eigentlich nicht angeben.

Die Bayerische Meteorologische Centralstation veröffentlicht die meteorologischen Werte der Zugspitze in ihrer Publikation »Beobachtungen der meteorologischen Stationen im Königreich Bayern«.

Der tägliche Gang der Temperatur.

Die Darstellung des täglichen Ganges der Temperatur durch gewöhnliche Mittelwerte läßt, da die Einzeldaten in allen Witterungslagen gewonnen wurden, naturgemäß nur eine beschränkte Nutzanwendung für rein theoretische Untersuchungen über den täglichen Wärmeumsatz in den Luftschichten zu. Sie hat vorwiegend eine praktische Bedeutung, indem sie es ermöglicht, die Terminbeobachtungen auszuwählen, welche sich zu einer genügend sicheren Ableitung der wahren, d. h. 24 stündigen Temperaturmittel am besten eignen. „Der mittlere tägliche Wärmegang an einem Orte," schreibt v. Hann[1], „ist ein so komplexes Resultat, hängt außer von der Insolation und Wärmeausstrahlung noch von so vielen anderen meteorologischen Faktoren ab, wie Grad der Bewölkung, Intensität, Dauer und tägliche Periodizität der Niederschläge, tägliche Periode der Windrichtung und -Stärke etc., daß es ein ganz aussichtsloses Beginnen genannt werden muß, diesen mittleren täglichen Wärmegang auf einfache Gesetze zurückzuführen, ihn als Funktion der täglichen Periode der Wärmeein- und -Ausstrahlung darstellen zu wollen. Man kann zu Untersuchungen dieser Art nur den Temperaturgang an heiteren wolkenlosen Tagen verwenden, wobei vorausgesetzt wird, daß die Thermometer auch stets die (wahre) Lufttemperatur angeben." Diese Forderung wird bis jetzt nur durch das im Jahre 1886 erfundene Aßmannsche Aspirationsthermometer erfüllt, das, durch seine Konstruktion bereits mit einem genügenden Schutz gegen die Wärmestrahlung versehen, es ermöglicht, an

---

[1] Über den täglichen Gang einiger meteorologischer Elemente in Wien, Stadt. Sitzungsber. der Akad. d. Wiss. in Wien 1881. Bd. LXXXIII. S. 208.

jedem beliebigen Ort einwandfreie Angaben der Lufttemperatur zu erhalten. Da es jedoch kein „selbsttätiges" Instrument ist und infolgedessen auch nur zur Gewinnung von Terminbeobachtungen, nicht aber beispielsweise der Extremwerte dienen kann, sind wir bei der Ableitung des täglichen Ganges der Temperatur noch durchweg auf die Angaben der Thermometer in Beschirmungen angewiesen. Diese festen Thermometeraufstellungen haben aber bekanntlich den Nachteil, daß sie durch ihre Eigentemperatur die Angaben des Thermometers mehr oder weniger beeinflussen. In Deutschland sind, wie aus den Stationsbeschreibungen hervorgeht, vorwiegend zwei Thermometeraufstellungen in Gebrauch, nämlich in einem Zinkblechgehäuse im Schatten der Nordwand eines Hauses und in einer englischen Jalousiehütte auf einem möglichst freien Platz im Garten oder Hof.

Von den 32 Stationen, deren täglicher Gang der Temperatur in der vorliegenden Abhandlung gegeben wird, war der Thermograph in einer englischen Hütte untergebracht in

Königsberg	Aachen (Stadtwald)
Bremen	Aachen (Observatorium)
Berlin (Plattform des Daches)	Chemnitz
Potsdam (Wiese)	Grünberg
Potsdam (Turm)	Görbersdorf
Wasserleben	Brocken (Plattform des Daches)
Aachen (Alfonsstraße)	Schneekoppe (Turm);

ein Zinkblechgehäuse diente als Beschirmung in

Wustrow	Straßburg (Münsterspitze)
Hamburg	München
Kaiserslautern	Prag (Garten des städt. Wasserwerkes)
Von der Heydt-Grube	Prag (Turmgalerie der Petřinwarte);
Straßburg (Universität)	

an den beiden Stationen in Eberswalde standen die Instrumente in einer verbesserten forstlichen, in Ruhleben bei Spandau und in Uslar in einer Wildschen Hütte; in Vamdrup, Magdeburg, Krakau und auf der Zugspitze war die Fensteraufstellung mit einer an der Nordwand des Hauses angebrachten Jalousiehütte gewählt worden, in Leipzig bot ein Metallgehäuse und Holzjalousien dem Thermographen den nötigen Schutz.

Vergleichsmessungen zwischen den beiden Aufstellungsarten, Thermometerhütte und Gehäuse, sind mehrfach ausgeführt und diskutiert worden; während aber allen diesen Arbeiten ausschließlich Terminbeobachtungen zu Grunde liegen, hat Hellmann bei seinen Untersuchungen am Observatorium bei Potsdam[1]) auch die Unterschiede im täglichen Gang der Temperatur festzustellen versucht. An der Hand dreijähriger Registrierungen 1908—1910 gelangt er zu dem Ergebnis, daß die wahren Tagesmittel der Temperatur in beiden Aufstellungen zwar nahezu gleich groß sind, daß aber die englische Hütte bei Tage, wenn die Einstrahlung überwiegt, namentlich also um Mittag, etwas zu hohe, in der Nacht etwas zu niedrige Temperaturen

---

[1]) Über die Aufstellung von Thermometern zur Bestimmung der Lufttemperatur. Bericht über die Tätigkeit des Königlich Preußischen Meteorologischen Instituts im Jahre 1908. Berlin. Behrend & Co. 8°. S. 57—66; 1909, S. 85—96; 1910, S. 57—64; 1911, S. 59—83.

gibt und daß der tägliche Gang der Temperatur im Gehäuse etwas verzögert wird, woraus erhellt, daß die Temperaturangaben der beiden Aufstellungen nicht streng mit einander vergleichbar sind. Welche Genauigkeit den Beobachtungen in der von den übrigen merklich abweichend konstruierten forstlichen Hütte innewohnt, haben die Untersuchungen Müttrichs[1]) in Eberswalde gelehrt, nach welchen die Temperaturdifferenzen zwischen Feld- und Waldstation für die zu gleichen Zeiten angestellten Beobachtungen ihre größten Werte bei der verbesserten forstlichen Hütte haben und dann der Reihe nach in der gewöhnlichen forstlichen Hütte, in der englischen Hütte und beim Aspirationsthermometer abnehmen. Dieses Verhalten der forstlichen Hütte ist vor allem auf den fehlenden Schutz gegen Bodenstrahlung zurückzuführen, der bewirkt, daß an der Feldstation die Maxima zu hoch und die Minima zu niedrig ausfallen, während bei der Waldstation Strahlungseinflüsse naturgemäß weniger zur Geltung kommen. In allen Monaten ist die Temperatur auf der Feldstation vom Abend bis zum Morgen niedriger, in den mittleren Tagesstunden höher als auf der Waldstation.

In den Tabellen des täglichen Ganges der Temperatur am Schluß dieser Abhandlung werden außer den Tagesmitteln nur die Abweichungen der Stundenmittel vom Tagesmittel mitgeteilt, die, weil den Mittelwerten verschieden lange Beobachtungsreihen zugrunde liegen, allein einen Vergleich von Einzelwerten der verschiedenen Stationen miteinander zulassen. Weit besser als Zahlenreihen würde allerdings die graphische Darstellung den Verlauf des täglichen Ganges der Temperatur zur Anschauung gebracht haben, doch mußte von einer Veröffentlichung aller Kurven, deren Maßstab so bestimmt war, daß für die Ordinaten 1^0 und für die Abscissen 1 Stunde = 1.2 cm betrug, abgesehen werden, da bei einem kleinen Maßstab Einzelheiten sich verwischen oder ganz verloren gehen. Nur einzelne charakteristische Kurven sind auf der Tafel am Schluß der Abhandlung reproduziert. Um die Benutzung des in den Tabellen gegebenen Materials in keiner Weise zu beeinträchtigen, sind die Mittelwerte, die sich aus dem Tagesmittel und den Abweichungen der Stundenmittel von ihm leicht berechnen lassen, nicht ausgeglichen worden. Sicherlich wären durch eine Ausgleichung manche Sprünge in den Kurven, die u. a. an einigen Stationen die Bestimmung der mittleren Eintrittszeiten der täglichen Temperaturextreme sowie die Ableitung der Korrektionen der Mittel aus Terminbeobachtungen nicht ratsam erscheinen ließen, abgeschwächt worden oder wohl ganz in Wegfall gekommen; insbesondere würden die Kurven der Stationen mit kürzerer Beobachtungsperiode einen glatteren Verlauf erhalten haben; es ist jedoch zu bedenken, daß gleichzeitig auch manche Unregelmäßigkeiten, die sich über mehrere Monate erstrecken und daher weniger auf Zufälligkeiten als vielmehr auf systematische Fehler zurückgeführt werden müssen, dadurch unserer Kenntnis entzogen worden wären.

Als Ursachen für derartige Störungen kommen vorwiegend die direkte Sonnenstrahlung, sowie die Ausstrahlung besonnter Wände und schlechte Ventilation in Betracht; vielfach läßt sich in den Kurven auch an den Mittelwerten der Ablesungstermine[2]) der Einfluß der Beobachtung selbst nachweisen, sei es, daß der Stand des Thermographen durch das Öffnen der

---

[1]) Siehe Stationsbeschreibung von Eberswalde S. 10.
[2]) An den Stationen des Preußischen Meteorologischen Instituts, sowie in Bremen, Aachen, Magdeburg, Prag und auf der Zugspitze 7^a, 2^p, 9^p; an den Stationen der Deutschen Seewarte, in Chemnitz und Ruhleben bei Spandau 8^a, 2^p, 8^p; in Leipzig 6^a, 2^p, 10^p, desgl. in Krakau bis 1902 incl., dann 7^a, 2^p, 9^p; in Straßburg 7^a, 1^p, 9^p, seit 1900 7^a, 2^p, 9^p; in Eberswalde 8^a, 2^p; in München von 7^a—6^p stündliche Ablesungen.

Hütte oder durch die Nähe des Beobachters und der Beobachtungslaterne erniedrigt oder erhöht wurde; in einigen Fällen wird schließlich das schlechte Funktionieren des Instrumentes die Schuld tragen. Den einen oder anderen Faktor für die Störungen im täglichen Gang der Temperatur an den einzelnen Stationen verantwortlich zu machen, kann aber, wie bereits hervorgehoben wurde, nur mit allem Vorbehalt geschehen. Am deutlichsten läßt sich noch der störende Einfluß der Sonnenstrahlung bei der Gehäuseaufstellung nachweisen, der durch einen wahrnehmbaren Temperaturabfall der Kurve nach dem Aufhören der Strahlung charakterisiert ist. Wir finden diese Ausbuchtungen der Kurven von verschiedenem Grad bei fast allen Stationen mit der genannten Thermometeraufstellung, da in unseren Breiten wohl jede Nordwand, und in wie wenigen Fällen wird ihr diese Bezeichnung im wahren Sinne des Wortes zukommen, in den Sommermonaten einige Zeit von der Sonne getroffen wird, falls nicht vorspringende Hausecken, Bäume und dergl. einen Schutz bieten. Sehr markant treten diese Störungen vor allem hervor in den Kurven von Von der Heydt-Grube und Kaiserslautern. An ersterer Station sinken in den Monaten (April) Mai bis Juli (August) die Kurven plötzlich nach der 6. Abendstunde stark ab, nachdem entgegen den normalen Verhältnissen seit 4p der Verlauf nur wenig absteigend gewesen ist. In Kaiserslautern überragen in denselben Monaten die Stundenmittel um 4p und 5p noch die vorhergehenden Werte, wobei der Anstieg ziemlich unvermittelt stattfindet. Auch die beiden Stationen zu Prag im Garten des städtischen Wasserwerkes und auf der Turmgalerie der Petřinwarte zeigen eine stärkere Aufwölbung im Verlauf des täglichen Ganges der Temperatur in den Vormittagstunden mit einem Abflauen um Mittag kurz vor der Erreichung des Maximums. Die gleiche Erscheinung treffen wir in den Monaten April bis September bei Wustrow an; doch zeigt sich hier erst in der Abendstunde wieder ein stärkeres Abfallen der Kurven, so daß auf eine Einwirkung des Seewindes, der um die Mittagszeit bis gegen Abend weht, geschlossen werden kann, um so mehr, da an der Ostseeküste die Erscheinung der Seebrise auf die Zeit von April bis September beschränkt ist[1]). An den Stationen mit Hüttenaufstellung treten natürlich ähnliche Störungen auf, sobald die Hütte den Gebäuden zu nahe steht und alsdann von der Hauswand Wärme zugestrahlt erhält. Es finden auf diese Weise die zu hohen Temperaturwerte in den Vor- und Nachmittagstunden an den Stationen Bremen, Ruhleben bei Spandau und Aachen-Alfonsstraße ihre Erklärung, während in Görbersdorf für die Verflachung der Kurven um die Eintrittszeit des Maximums die Tallage der Station und zu geringe Ventilation verantwortlich gemacht werden muß.

Die Zusammenstellung der augenfälligeren Störungen im Verlauf der Kurven läßt bereits auf eine sehr verschiedene Bewertung der einzelnen Reihen schließen; weit mehr tritt dies aber noch in Erscheinung, sobald wir den täglichen Temperaturgang der Stationen unter einander vergleichen.

Einen Maßstab für die klimatischen Temperatureigentümlichkeiten eines Ortes haben wir vor allem in der mittleren Tagesschwankung, die bekanntlich entweder durch die Differenz der mittleren täglichen Extreme nach den Angaben der Maximum- und Minimumthermometer (aperiodische Amplitude) oder durch den Unterschied zwischen den Mitteltemperaturen der

---

[1]) M. Kaiser, Land- und Seewinde an der deutschen Ostseeküste. Inaug. Diss. Halle. Halle a./S. 1906. 8°. S. 3-4.

wärmsten und kältesten Tagesstunde (periodische Amplitude) ausgedrückt wird. Letztere Differenz ist natürlich stets kleiner als die aperiodische Amplitude, doch ist der Betrag nur gering, da bei der Ableitung aus den Mittelwerten der einzelnen Tagesstunden die unregelmäßigen Erwärmungen und Erkaltungen in ihnen sich fast vollständig ausgeglichen haben. Nachstehend ist bloß die periodische Amplitude für die 32 Stationen mitgeteilt; ihr jährlicher Gang wurde von mir wieder in dem gleichen Maßstab, wie der tägliche Gang der Temperatur selbst, auch graphisch dargestellt. Nach einem scharf ausgeprägten Minimum im Dezember — das Verschieben desselben auf den Januar in Magdeburg, Aachen-Alfonsstraße und Aachen-Stadtwald hat seinen Grund in der Kürze der Beobachtungsperiode — steigt die Kurve vom Winter zum Frühsommer mit zunehmender Höhe des Sonnenstandes rasch an, erreicht an den meisten Stationen im Juni (oder Mai), an einigen im Juli oder August das Maximum und fällt dann zum Winter hin wieder schnell ab. Die Übereinstimmung im Eintritt des Minimums an sämtlichen Stationen, sowohl in der Ebene als auch auf den Berggipfeln, wird dahin erklärt, daß der Sonnenstand im Winter die ausschlaggebende Rolle für die Größe der täglichen Temperaturschwankung spielt: die überwiegende Häufigkeit des Eintritts des Maximums im Juni (und Mai) an den Stationen Deutschlands und im August (und Juli) in Österreich[1]) läßt aber vermuten, daß in Deutschland auch für das Maximum der Sonnenstand noch wesentlich bestimmend ist, bis mit zunehmender Kontinentalität nach SE hin die geringere Bewölkung und größere Heiterkeit des Himmels allein den Ausschlag gibt. Diese Annahme wird noch mehr gestützt, wenn wir den Ursachen der abweichenden Verhältnisse an den einzelnen Orten nachgehen. Als die häufigste von ihnen müssen wir die Kürze der Beobachtungsperiode ansprechen, da fast sämtliche Stationen, von denen nur 4- und 5jährige Aufzeichnungen vorliegen, Unstimmigkeiten zeigen. Sie finden in dem vorherrschenden Charakter jener Jahrgänge ihre Erklärung. Den verspäteten Eintritt des Minimums im Januar und des Maximums im August zu Magdeburg treffen wir in Potsdam (Wiese) an, sobald wir der Ableitung der periodischen Amplitude den gleichen Zeitraum 1897—1900 zu Grunde legen. Es ergeben sich alsdann für Potsdam (Wiese) folgende Werte:

Jan.	Febr.	März	April	Mai	Juni	Juli	Aug.	Sept.	Okt.	Nov.	Dez.
2.12	4.00	5.66	7.09	8.00	8.92	7.53	**9.37**	7.06	5.81	3.93	2.21

Im Einklang mit Magdeburg steht auch das scharfe Einknicken der Kurve im Juli, das wir übrigens an einer größeren Anzahl der bearbeiteten Stationen beobachten und in Zusammenhang mit der auf diesen Monat entfallenden größten Häufigkeit der Gewitter und der dadurch bedingten größeren Bewölkung bringen müssen. Leider ist es nicht möglich, für sämtliche Stationen mit 4- und 5jährigen Aufzeichnungen derartige Vergleiche durchzuführen, da die Beobachtungsperioden zu verschieden sind. Die Übereinstimmung im obigen Beispiel ist aber so gut, daß man wohl berechtigt ist, die geringe Anzahl der Beobachtungsjahre auch für das abweichende Verhalten an den übrigen in Betracht kommenden Stationen Aachen-Alfonsstraße, Aachen-Stadtwald, Kaiserslautern, Leipzig, Grünberg und Görbersdorf verantwortlich zu machen. Wie viele Beobachtungsjahre nötig sind, um alle während dieser Zeit aufgetretenen

---

[1]) J. Valentin, a. a. O. S. 46.

Sonderheiten vollständig zu eliminieren, hängt natürlich ganz von dem Grad und der Dauer derselben ab; immerhin läßt Aachen-Observatorium mit seinem Maximum im Juli erkennen, daß 8 Jahre in manchen Fällen noch nicht ausreichen. Als weitere Ursache für das unzeitige Eintreten des Maximums der periodischen Amplitude sind aber insbesondere die Bewölkungsverhältnisse des betreffenden Ortes heranzuziehen, da von ihnen erklärlicher Weise die Wärmeein- und -ausstrahlung stark abhängig sein muß. Deutlich bemerkbar macht sich der Einfluß der Bewölkung in Hamburg, wo das scharf hervortretende Maximum der täglichen Temperaturschwankung im Mai mit dem kleinsten Monatsmittel der Bewölkung zusammenfällt; während nach 15 jährigen Beobachtungen (1878—1892) der Mai nur 5.8 im Durchschnitt aufweist, hat der Juni bereits den Wert 6.1 nach der 10teiligen Skala; ferner ist der Mai der einzige Monat, in dem eine größere Bewölkung als 7 im Mittel nicht mehr vorkommt[1]). Geringer, aber doch nachweisbar ist die Einwirkung der Bewölkung und Luftfeuchtigkeit auch in Königsberg, wo die Werte der periodischen und aperiodischen Amplitude[2]) im Mai (Maximum) und Juni nur wenig differieren; ebenso verhalten sich die vieljährigen Mittel[3]) jener beiden Elemente, die mit 5.2 und 5.1 (0—10), resp. mit 71 und 72 Prozent im Mai und Juni ihre niedrigsten Werte erreichen. Das Mai-Maximum der periodischen Amplitude in Berlin spricht dagegen für den Einfluß der Großstadt, der sich bekanntlich u. a. darin äußert, daß in der warmen Jahreszeit, nachdem am Tage zwischen den Häusermassen große Wärmemengen aufgespeichert sind, nur eine geringe nächtliche Ausstrahlung stattfindet. Die schon an und für sich niedrigere Bodenwärme im Mai gegenüber der im Juni läßt daher auf eine stärkere Ausprägung der täglichen Minimaltemperaturen schließen. Nicht ganz von der Hand zu weisen ist vielleicht noch eine Einwirkung der erhöhten Aufstellung des Thermographen, weil Potsdam (Turm) ebenfalls das Maximum abweichend von Potsdam (Wiese) für die gleiche Periode 1893—1904 im Mai hat. Auf einen ähnlichen Vorgang wie den eben geschilderten muß schließlich auch die Verschiebung des Maximums an der Waldstation zu Eberswalde und im Aachener Stadtwald zurückgeführt werden. In Ruhleben bei Spandau steht dem Höchstwert der periodischen Amplitude im Mai das Maximum der aperiodischen Amplitude im Juni gegenüber, das um 0.41° über dem Wert des Mai und um 0.48° unter dem des Juli liegt[4]). Dies deutet — infolge der Tallage von Ruhleben sehr wahrscheinlich — auf größere Störungen im täglichen Normalgang hin, die in den extremen Stundenwerten nicht eingeschlossen, wohl aber in den Temperaturangaben des Maximum- und Minimumthermometers enthalten sind. Ein ausgesprochenes Mai-Maximum der periodischen Amplitude haben dagegen die Gipfelstationen — auf der Zugspitze ist anscheinend die Beobachtungsreihe noch zu kurz —, während das Juli-Maximum in München bereits den kontinentaleren Charakter des Klimas der Hochebene verrät, wie er in dem August-Maximum von Prag und Krakau vollends verkörpert ist.

[1]) W. J. van Bebber, Die tägliche und jährliche Periode der Temperatur zu Hamburg. Annalen der Hydrographie 1893, S. 486.
[2]) H. Klenast, Das Klima von Königsberg i. Pr. Teil II. Der Gang der Lufttemperatur nach Stundenwerten der Jahre 1890—1903. Königsberg i. Pr. 1904. 8°. S. 18—19.
[3]) V. Kremser, Über die klimatischen Verhältnisse des Memel-, Pregel- und Weichsel-Gebietes. Meteorol. Zeitschrift 1900, S. 316.
[4]) K. Knoch, Der Einfluß geringer Geländeverschiedenheiten auf die meteorologischen Elemente im norddeutschen Flachlande. Abhandl. des Preuß. Meteorol. Instituts Bd. IV, Nr. 3. Berlin, Behrend & Co. 1911. 4°. S. 24.

Ein weit subtileres Ausmaß für die Ozeanität und Kontinentalität des Klimas eines Ortes besitzen wir in der Größe der Amplitude selbst. Da in ihr alle auf den Temperaturgegensatz zwischen Tag und Nacht, Sommer und Winter einwirkenden Faktoren zum Ausdruck kommen, ist von vornherein eine gewisse Mannigfaltigkeit in den Zahlen zu erwarten. Immerhin lassen die in der folgenden Tabelle gegebenen Werte gemäß dem Einfluß ihres mächtigsten Faktors, der Bewölkung, die Zunahme der periodischen Amplitude von der Küste landeinwärts deutlich erkennen. Die meisten Abweichungen unter sonst gleichen klimatischen Verhältnissen beruhen, wenn wir von den Stationen mit kurzer Beobachtungsdauer wieder absehen, auf der oro- und

Periodische tägliche Amplitude der Temperatur.

Stationen	Jan.	Febr.	März	April	Mai	Juni	Juli	Aug.	Sept.	Okt.	Nov.	Dez.	Jahr
Königsberg (16 J.)	1.70	2.84	4.27	6.20	8.03	7.99	7.88	7.54	6.82	4.61	2.17	1.23	5.03
Wustrow (9 J.)	1.07	1.97	2.75	3.84	4.62	4.73	3.93	4.10	3.93	2.69	1.73	0.98	2.96
Vamdrup (12 J.)	1.50	1.95	3.91	6.24	7.85	7.87	7.11	6.64	5.73	3.41	2.21	1.33	4.58
Hamburg (31 J.)	1.63	2.61	4.18	5.97	6.81	6.42	5.70	5.65	5.49	3.76	2.41	1.34	4.27
Bremen (13 J.)	1.92	2.91	4.64	6.40	7.32	7.49	6.99	6.77	6.57	4.96	3.13	1.65	4.96
Eberswalde [Feldstation] (8 J.) .	2.97	4.33	6.91	9.87	11.01	11.07	10.37	9.40	9.34	5.88	3.53	2.07	7.10
Eberswalde [Waldstation] (8 J.) .	2.28	3.44	5.78	8.34	9.51	9.02	8.23	7.53	7.28	4.54	2.77	1.62	5.76
Berlin [Dachstation] (8 J.) .	2.26	3.48	5.48	7.25	7.96	7.63	7.06	7.27	6.76	4.64	2.84	1.81	5.31
Ruhleben bei Spandau (21 J.) .	2.81	3.90	6.10	8.07	9.45	9.36	8.75	8.57	8.29	5.90	3.58	2.06	6.23
Potsdam [Wiese] (16 J.) . .	2.78	3.69	5.97	7.67	8.79	8.94	8.22	8.23	7.68	5.76	3.63	2.21	6.04
Potsdam [Turm] (12 J.) . .	2.28	3.07	4.87	6.19	7.07	7.07	6.62	6.81	6.48	4.39	2.85	1.89	4.85
Magdeburg (4 J.)	2.14	3.63	5.37	6.98	7.95	9.14	7.90	9.77	7.62	6.03	3.83	2.44	6.23
Wasserleben (10 J.) . . .	2.49	3.02	4.63	6.89	8.20	8.41	8.39	7.73	7.30	5.86	3.39	2.03	5.58
Uslar (13 J.)	2.69	4.11	5.84	7.24	8.96	9.36	8.81	8.74	8.32	5.69	3.49	2.04	6.19
Aachen [Alfonsstr.] (5 J.) .	1.84	3.14	4.39	6.03	7.09	7.57	7.31	7.50	6.02	4.69	3.31	2.12	5.03
Aachen [Stadtwald] (5 J.) .	1.54	3.10	3.93	5.33	6.34	6.32	5.73	5.70	4.47	3.82	2.58	1.73	4.06
Aachen [Observatorium] (8 J.) .	2.53	2.85	4.39	5.94	6.85	7.47	7.54	6.88	6.99	4.97	3.39	2.03	5.10
Kaiserslautern (5 J.) . .	3.12	4.38	6.53	8.19	9.79	9.08	8.82	9.25	8.31	5.30	3.11	2.40	6.41
Von der Heydt-Grube (10 J.) .	2.84	4.57	6.39	8.08	8.24	8.85	7.93	8.46	7.62	5.33	3.45	2.61	6.10
Straßburg [Universität] (13 J.) .	3.16	4.90	7.07	8.27	8.70	9.03	8.62	8.31	7.57	5.52	3.74	2.60	6.37
Straßburg [Münsterspitze] (13 J.) .	2.09	3.01	4.87	5.84	5.97	6.32	6.11	5.94	5.44	3.92	2.28	1.57	4.33
München (33 J.)	4.10	5.25	6.74	8.52	8.88	9.19	9.29	8.98	8.62	6.62	4.03	3.32	6.78
Prag [Garten] (6 J.) . . .	2.62	4.06	6.02	7.76	8.68	9.48	8.98	9.82	7.61	5.02	2.96	2.32	6.16
Prag [Turm] (6 J.) . . .	2.02	3.12	4.72	5.74	6.10	6.82	6.26	7.28	6.00	4.30	2.30	1.64	4.57
Chemnitz (13 J.)	2.97	3.81	5.18	6.80	7.56	7.92	7.37	7.72	7.19	5.12	3.62	2.34	5.57
Leipzig (5 J.)	2.89	4.02	6.42	7.18	7.62	8.19	9.41	8.72	9.08	6.17	3.40	2.33	6.17
Grünberg (4½ J.)	2.67	3.12	5.24	6.89	8.06	8.57	8.71	8.12	7.10	4.97	2.77	1.47	5.65
Görbersdorf (4½ J.) . . .	3.15	3.38	5.02	6.42	7.71	8.21	8.09	9.00	7.61	5.36	2.31	1.41	5.64
Krakau (5 J.)	3.52	3.53	5.86	7.04	7.48	7.84	8.19	8.22	7.80	5.51	3.90	2.47	5.78
Brocken (12 J.)	0.68	0.99	1.77	2.36	3.25	3.19	3.15	3.16	2.49	1.67	0.97	0.81	1.93
Schneekoppe (7¼ J.) . . .	0.57	0.89	1.23	1.71	2.36	2.23	2.20	2.27	1.51	1.03	0.79	0.32	1.36
Zugspitze (4 J.)	1.02	1.64	1.98	2.69	2.95	3.03	2.71	2.59	2.15	1.87	1.14	0.85	1.98

topographischen Lage des Ortes, auf lokalen Einflüssen namentlich durch die periodischen Luftströmungen (Land- und Seewind an der Küste, Berg- und Talwind im Gebirge), sowie auf der Aufstellungsart des Thermographen und seiner Höhe über dem Erdboden. Schon ein Vergleich zwischen Hamburg und Bremen lehrt, daß sowohl die Höhe der Station über dem Meere, als auch die des Thermographen über dem Erdboden und die Gehäuseaufstellung verkleinernd auf die Amplitude wirken. Eine Bestätigung dieser Tatsache finden wir in höherem Grade einesteils in den Werten der Gipfelstationen, anderenteils in denen der Dachstation zu Berlin und der Turmstationen zu Potsdam, Straßburg und Prag. Der Einfluß der Beschirmung des Thermographen auf die periodische Amplitude ist am meisten ausgeprägt in den auffallend hohen Zahlen an der Feldstation zu Eberswalde; die verhältnismäßig niedrigeren an der Waldstation spiegeln dagegen ebenso wie die Abweichungen der Stationen Aachen-Stadtwald von Aachen-Alfonsstraße die Abstumpfung der Extremwerte wider, die der Wald infolge abgeschwächter Strahlung und verminderter Luftzufuhr verursacht. Die kleinste Amplitude hat, da von allen Stationen am meisten maritim gelegen, Wustrow, wenngleich die ungewöhnlich niedrigen Werte, wie bereits hervorgehoben wurde, zum Teil auch in Verbindung mit dem Wehen des Land- und Seewindes gebracht werden müssen. Daß die am weitesten nach SE gelegene Station, Krakau, nicht die größte Amplitude besitzt, ist sicherlich sowohl in der Kürze der Beobachtungsdauer und in der Aufstellung des Thermographen, als auch in den topographischen Verhältnissen, in dem Übergang der Ebene zum Abhang, begründet. In gleichem Sinne wirkt auch die Lage von Chemnitz, Wasserleben und Von der Heydt-Grube, während die größere Amplitude zu Straßburg und Ruhleben bei Spandau gegenüber den Stationen der Ebene durch die Tallage hervorgebracht wird. Am ausgesprochensten zeigt unter den vorliegenden Stationen den Kontinentaltypus München, wo besonders die hohen Werte im Winter auffallen. Wenn dagegen Prag (Garten des städtischen Wasserwerkes) in der kalten Jahreszeit eine ziemlich kleine periodische Amplitude aufweist, so hat dies wohl im wesentlichen seinen Grund in der Hügellage der Station.

Die Verschiedenheit im Charakter des täglichen Ganges der Temperatur an den einzelnen Orten findet aber nicht nur in der Größe, sondern auch in den mittleren Eintrittszeiten der täglichen Temperaturextreme ihren Ausdruck. Um letztere zu ermitteln, wurde die graphische Methode angewandt, die nach den Untersuchungen Wilds und Pragers[1]) als eine genügend sichere bezeichnet werden kann. Nur bei größeren Verflachungen der Kurve ist eine genauere Bestimmung erschwert und oftmals illusorisch; doch war es auch in solchen Fällen vielfach möglich, mittels der Kurvenführung nach Elimination der außerperiodischen Änderungen einen Wert zu erhalten, der im Vergleich zu denen der anderen Monate und an den Nachbarstationen eine gewisse Berechtigung immerhin wohl haben dürfte; er ist, sofern er sich um mehr als 0.9^h von dem extremen Stundenmittel entfernte, in der folgenden Tabelle in Klammern gesetzt. Die Mitte des horizontal verlaufenden Stückes der Kurve wurde nur selten als der gesuchte Zeitpunkt angenommen. Nicht angängig erschien eine Bestimmung der mittleren Eintrittszeiten der täglichen Temperaturextreme an den Stationen Kaiserslautern und Görbersdorf, da die Störungen um die Zeit des Eintritts des Maximums jede nur angenäherte Genauigkeit ausschließen.

Wie aus der folgenden Zusammenstellung ersichtlich ist, weichen die mittleren Eintrittszeiten, die, nebenbei bemerkt, aber keineswegs auch einen Schluß auf die Häufigkeit der Eintrittszeiten der täglichen Temperaturextreme zulassen[2]), an den verschiedenen Stationen oft beträchtlich von einander ab. Der Grund für diese Erscheinung ist hauptsächlich in den Aufstellungsverhältnissen zu suchen, wenngleich auch Lokaleinflüsse recht bedeutend werden können. Im allgemeinen läßt sich indessen, übereinstimmend mit dem Ergebnis Hellmanns in seiner Untersuchung über die täglichen Veränderungen der Temperatur der Atmosphäre in Norddeutsch-

---

[1]) H. Wild, Die Temperatur-Verhältnisse des Russischen Reiches. Repertorium für Meteorologie. Supplementband I. St. Petersburg 1881. — Prager, Über die Genauigkeit der graphischen Darstellung des täglichen Ganges der Temperatur. Meteorol. Zeitschr. 1906, S. 422—425.
[2]) Vgl. Hellmann, Über die Eintrittszeiten der täglichen Temperaturextreme. Meteorol. Zeitschr. Hannband, S. 389—403.

Mittlere Eintrittszeiten der täglichen Temperaturextreme.

Monat	Königsberg					Wustrow					Vamdrup				
	Aufgang der Sonne	Eintritt des		Zeitdiff. zwischen		Aufgang der Sonne	Eintritt des		Zeitdiff. zwischen		Aufgang der Sonne	Eintritt des		Zeitdiff. zwischen	
		Min.	Max.	Min. u. Max.	Sonnenaufgang u. Min.		Min.	Max.	Min. u. Max.	Sonnenaufgang u. Min.		Min.	Max.	Min. u. Max.	Sonnenaufgang u. Min.
Januar..	8.2ª	6.5ª	1.8ᵖ	6.3ʰ	1.7ʰ	8.2ª	(7.4)ª	2.5ᵖ	7.1ʰ	0.8ʰ	8.2ª	7.6ª	1.8ᵖ	6.2ʰ	0.6ʰ
Februar.	7.4	6.4	2.0	7.6	1.0	7.4	6.9	2.4	7.5	0.5	7.4	6.6	2.2	7.6	0.8
März...	6.2	5.9	2.0	8.1	0.3	6.2	6.3	2.8	8.5	−0.1	6.2	5.5	2.0	8.5	0.7
April...	5.0	5.3	2.1	8.8	−0.3	5.0	5.2	2.3	9.1	−0.2	5.0	4.7	1.8	9.5	0.3
Mai....	4.0	4.6	2.2	9.6	−0.6	4.0	4.4	2.9	10.5	−0.4	3.9	4.3	2.0	9.7	−0.4
Juni ...	3.5	4.1	2.3	10.2	−0.6	3.5	4.3	2.6	10.3	−0.8	3.4	3.6	1.7	10.1	−0.2
Juli ...	3.9	4.2	2.4	10.2	−0.3	3.9	4.8	2.7	9.9	−0.9	3.8	3.6	1.8	10.2	0.2
August .	4.7	4.8	2.3	9.5	−0.1	4.7	5.1	2.5	9.4	−0.4	4.6	4.5	1.9	9.4	0.1
Septbr..	5.6	5.6	2.0	8.4	0.0	5.6	5.7	2.7	9.0	−0.1	5.6	4.8	1.7	8.9	0.8
Oktober .	6.6	5.9	1.5	7.6	0.7	6.6	6.6	2.4	7.8	0.0	6.6	6.0	1.5	7.5	0.6
Novbr...	7.6	6.2	1.4	6.2	1.4	7.6	7.3	2.4	7.1	0.3	7.6	6.3	1.5	7.2	1.3
Dezbr...	8.2	6.4	1.6	6.2	1.8	8.2	7.2	2.3	7.1	1.0	8.3	7.4	1.5	6.1	0.9

Monat	Hamburg					Bremen					Eberswalde (Feldstation)				
Januar..	8.1ª	7.2ª	2.5ᵖ	7.3ʰ	0.9ʰ	8.0ª	7.8ª	2.5ᵖ	6.7ʰ	0.2ʰ	8.0ª	7.0ª	2.0ᵖ	7.0ʰ	1.0ʰ
Februar.	7.3	6.8	3.0	8.2	0.5	7.3	7.2	2.9	7.7	0.1	7.3	6.8	2.2	7.4	0.5
März...	6.2	6.2	3.1	8.9	0.0	6.2	6.1	2.8	8.7	0.1	6.2	6.0	2.3	8.3	0.2
April...	5.0	5.4	2.9	9.5	−0.4	5.0	5.1	2.8	9.7	−0.1	5.0	5.2	2.4	9.2	−0.2
Mai....	4.1	4.5	2.8	10.3	−0.4	4.1	4.4	2.4	10.0	−0.3	4.1	4.4	2.6	10.2	−0.3
Juni ...	3.6	4.5	2.9	10.4	−0.9	3.6	4.2	2.7	10.5	−0.6	3.6	4.2	2.6	10.4	−0.6
Juli ...	4.0	4.7	3.2	10.5	−0.7	4.0	4.3	2.6	10.3	−0.3	4.0	4.4	2.5	10.1	−0.4
August .	4.7	5.0	3.4	10.4	−0.3	4.8	5.0	2.8	9.8	−0.2	4.8	5.1	2.3	9.2	−0.3
Septbr..	5.6	6.2	3.1	8.9	−0.6	5.6	5.8	2.4	8.6	−0.2	5.5	5.5	1.9	8.4	0.1
Oktober .	6.5	6.3	2.8	8.5	0.2	6.5	6.5	2.3	7.8	0.0	6.5	6.2	1.7	7.5	0.3
Novbr...	7.5	6.3	2.7	8.4	1.2	7.4	6.7	2.0	7.3	0.7	7.4	6.4	1.6	7.2	1.0
Dezbr...	8.1	6.9	2.4	7.5	1.2	8.1	7.6	2.4	6.8	0.5	8.1	7.5	1.8	6.3	0.6

Monat	Eberswalde (Waldstation)					Berlin (Plattform des Daches)					Ruhleben bei Spandau				
Januar..	8.0ª	7.7ª	2.6ᵖ	6.9ʰ	0.3ʰ	8.0ª	6.1ª	2.5ᵖ	8.4ʰ	1.9ʰ	8.0ª	6.6ª	2.4ᵖ	7.8ʰ	1.4ʰ
Februar.	7.3	7.4	2.7	7.3	−0.1	7.3	5.7	2.7	9.0	1.6	7.3	6.8	2.6	7.8	0.5
März...	6.2	6.6	2.8	8.2	−0.4	6.2	5.7	3.2	9.5	0.5	6.2	6.3	3.2	8.9	−0.1
April...	5.0	5.6	2.8	9.2	−0.6	5.1	5.5	3.2	9.7	−0.4	5.1	5.2	3.1	9.9	−0.1
Mai....	4.1	4.7	3.2	10.5	−0.6	4.1	4.6	3.3	10.7	−0.5	4.1	4.1	3.2	11.1	0.0
Juni ...	3.6	4.2	3.0	10.9	−0.6	3.7	4.4	3.2	10.8	−0.7	3.7	3.9	3.5	11.6	−0.2
Juli ...	4.0	4.4	2.8	10.4	−0.4	4.0	4.6	3.3	10.7	−0.6	4.0	4.2	3.4	11.2	−0.2
August .	4.8	5.1	2.7	9.6	−0.3	4.8	5.0	3.3	10.3	−0.2	4.8	4.7	3.2	10.5	0.1
Septbr..	5.6	5.6	2.3	8.7	0.0	5.6	5.7	3.0	9.3	−0.1	5.6	5.5	2.7	9.2	0.1
Oktober .	6.5	6.8	1.9	7.1	−0.3	6.5	6.1	2.5	8.4	0.4	6.5	6.6	2.5	7.9	−0.1
Novbr...	7.4	7.0	1.8	6.8	0.4	7.4	6.0	2.4	8.4	1.4	7.4	7.1	2.3	7.2	0.3
Dezbr...	8.1	7.9	1.8	5.9	0.2	8.0	5.8	2.3	8.5	2.2	8.0	7.4	1.8	6.4	0.6

Monat	Potsdam (Wiese)					Potsdam (Turm)					Magdeburg				
Januar..	8.0ª	7.8ª	2.2ᵖ	6.4ʰ	0.2ʰ	8.0ª	8.1ª	2.6ᵖ	6.5ʰ	−0.1ʰ	8.0ª	7.0ª	2.3ᵖ	7.3ʰ	1.0ʰ
Februar.	7.3	7.5	2.3	6.8	−0.2	7.3	7.7	3.1	7.4	−0.4	7.3	6.7	3.2	8.5	0.6
März...	6.2	6.2	2.8	8.6	0.0	6.2	6.6	3.2	8.7	−0.4	6.2	6.4	3.0	8.6	−0.2
April...	5.1	5.4	2.7	9.3	−0.3	5.1	5.6	3.7	10.1	−0.5	5.1	5.3	3.5	10.2	−0.2
Mai....	4.1	4.7	2.3	9.6	−0.6	4.1	4.8	3.3	10.5	−0.7	4.2	4.7	3.6	10.9	−0.5
Juni ...	3.7	4.5	2.2	9.7	−0.8	3.7	4.7	3.7	11.0	−1.0	3.7	4.5	3.2	10.7	−0.8
Juli ...	4.0	4.4	2.2	9.8	−0.4	4.0	4.6	3.8	11.2	−0.4	4.1	4.4	3.5	11.1	−0.3
August .	4.8	5.2	2.7	9.5	−0.4	4.8	5.4	3.4	10.0	−0.6	4.8	5.2	3.3	10.1	−0.4
Septbr..	5.6	5.6	2.1	8.5	0.0	5.6	6.2	3.2	9.0	−0.6	5.6	5.9	3.5	9.6	−0.3
Oktober .	6.5	6.7	1.8	7.1	−0.2	6.5	7.1	2.5	7.4	−0.6	6.5	6.4	2.4	8.0	0.1
Novbr...	7.4	6.8	1.6	6.8	0.6	7.4	7.6	2.3	6.7	−0.2	7.4	6.8	2.4	7.6	0.6
Dezbr...	8.0	7.6	1.5	5.9	0.4	8.0	8.1	2.0	5.9	−0.1	8.0	7.1	1.9	6.8	0.9

Mittlere Eintrittszeiten der täglichen Temperaturextreme.

Monat	Wasserleben					Uslar					Aachen (Alfonsstraße)				
	Aufgang der Sonne	Eintritt des Min.	Eintritt des Max.	Zeitdiff. zwischen Min. u. Max.	Zeitdiff. zwischen Sonnenaufgang u. Min.	Aufgang der Sonne	Eintritt des Min.	Eintritt des Max.	Zeitdiff. zwischen Min. u. Max.	Zeitdiff. zwischen Sonnenaufgang u. Min.	Aufgang der Sonne	Eintritt des Min.	Eintritt des Max.	Zeitdiff. zwischen Min. u. Max.	Zeitdiff. zwischen Sonnenaufgang u. Min.
Januar ..	8.0ª	6.8ª	2.1ᵖ	7.3ʰ	1.2ʰ	7.9ª	7.2ª	2.5ᵖ	7.3ʰ	0.7ʰ	7.9ª	7.3ª	2.4ᵖ	7.1ʰ	0.6ʰ
Februar .	7.3	6.6	2.1	7.5	0.7	7.2	7.0	2.4	7.4	0.2	7.2	6.5	2.4	7.9	0.7
März ...	6.2	6.2	2.2	8.0	0.0	6.2	6.4	2.6	8.2	-0.2	6.2	6.2	2.3	8.1	0.0
April ...	5.1	5.1	2.8	9.7	0.0	5.1	5.6	2.7	9.1	-0.5	5.1	5.6	2.4	8.8	-0.5
Mai	4.2	4.4	2.5	10.1	-0.2	4.2	4.7	2.6	9.9	-0.5	4.2	4.7	2.3	9.6	-0.5
Juni ...	3.7	4.2	2.7	10.5	-0.5	3.8	4.3	2.7	10.4	-0.5	3.8	4.4	2.5	10.1	-0.6
Juli ...	4.1	4.2	2.8	10.6	-0.1	4.1	4.6	2.6	10.0	-0.5	4.2	4.7	2.5	9.8	-0.5
August .	4.8	5.1	2.7	9.6	-0.3	4.8	5.2	2.5	9.3	-0.4	4.8	5.4	2.3	8.9	-0.6
Septbr..	5.6	5.8	2.6	8.8	-0.2	5.6	5.8	2.4	8.6	-0.2	5.6	5.9	2.2	8.3	-0.3
Oktober .	6.5	6.7	2.3	7.6	-0.2	6.5	6.5	2.4	7.9	0.0	6.4	6.5	2.3	7.8	-0.1
Novbr...	7.4	6.7	2.2	7.5	0.7	7.3	6.7	2.3	7.6	0.6	7.3	6.8	2.1	7.3	0.5
Dezbr...	8.0	7.5	2.2	6.7	0.5	8.0	7.0	2.2	7.2	1.0	7.9	6.9	2.0	7.1	1.0

Monat	Aachen (Stadtwald)					Aachen (Observatorium)					Von der Heydt-Grube				
Januar ..	7.9ª	7.6ª	2.5ᵖ	6.9ʰ	0.3ʰ	7.9ª	7.3ª	1.8ᵖ	6.5ʰ	0.6ʰ	7.8ª	7.0ª	2.4ᵖ	7.4ʰ	0.8ʰ
Februar .	7.2	7.1	2.7	7.6	0.1	7.2	6.6	2.1	7.5	0.6	7.2	6.7	2.6	7.9	0.5
März ...	6.2	6.6	2.6	8.0	-0.4	6.2	6.4	2.5	8.1	-0.2	6.2	6.1	2.7	8.6	0.1
April ...	5.1	5.7	2.5	8.8	-0.6	5.1	5.6	2.4	8.8	-0.5	5.2	5.4	2.8	9.4	-0.2
Mai	4.2	4.7	2.5	9.8	-0.5	4.2	4.7	2.5	9.8	-0.5	4.3	4.6	2.9	10.3	-0.3
Juni ...	3.8	4.5	2.8	10.3	-0.7	3.8	4.4	2.7	10.3	-0.6	4.0	4.3	3.2	10.9	-0.3
Juli ...	4.2	4.8	2.6	9.8	-0.6	4.2	4.7	2.7	10.0	-0.5	4.3	4.8	3.0	10.2	-0.5
August .	4.8	5.6	2.8	9.2	-0.8	4.8	5.4	2.5	9.1	-0.6	4.9	5.0	3.0	10.0	-0.1
Septbr..	5.6	5.8	2.4	8.6	-0.2	5.6	5.7	2.3	8.6	-0.1	5.6	5.7	2.7	9.0	-0.1
Oktober .	6.4	6.8	2.4	7.6	-0.4	6.4	6.5	1.8	7.3	-0.1	6.4	6.1	2.3	8.2	0.3
Novbr...	7.3	7.2	2.2	7.0	0.1	7.3	6.8	1.5	6.7	0.5	7.2	6.6	2.1	7.5	0.6
Dezbr...	7.9	7.4	2.1	6.7	0.5	7.9	6.9	1.5	6.6	1.0	7.8	7.1	2.3	7.2	0.7

Monat	Straßburg (Universität)					Straßburg (Münsterspitze)					München				
Januar ..	7.7ª	7.1ª	2.4ᵖ	7.3ʰ	0.6ʰ	7.7ª	8.1ª	3.2ᵖ	7.1ʰ	-0.4ʰ	7.7ª	7.0ª	1.7ᵖ	6.7ʰ	0.7ʰ
Februar .	7.1	6.7	2.6	7.9	0.4	7.1	7.6	3.5	7.9	-0.5	7.1	6.7	1.9	7.2	0.4
März ...	6.2	6.1	2.8	8.7	0.1	6.2	7.2	3.6	8.4	-1.0	6.2	6.4	2.2	8.0	-0.2
April ...	5.2	5.5	2.7	9.2	-0.3	5.2	6.5	3.7	9.2	-1.3	5.2	5.3	2.3	9.0	-0.1
Mai	4.4	4.6	2.5	9.9	-0.2	4.4	5.3	3.8	10.5	-0.9	4.4	4.6	2.5	9.9	-0.2
Juni ...	4.0	4.3	2.6	10.3	-0.3	4.0	4.7	3.9	11.2	-0.7	4.1	4.4	2.6	10.2	-0.3
Juli ...	4.3	4.4	2.7	10.3	-0.1	4.3	4.8	4.1	11.3	-0.5	4.4	4.5	2.8	10.3	-0.1
August .	4.9	5.2	2.6	9.4	-0.3	4.9	5.8	4.2	10.4	-0.9	5.0	5.0	2.4	9.4	0.0
Septbr..	5.6	5.5	2.5	9.0	0.1	5.6	6.5	3.6	9.1	-0.9	5.6	5.6	2.3	8.7	0.0
Oktober .	6.4	6.2	2.4	8.2	0.2	6.4	6.8	3.4	8.6	-0.4	6.4	5.9	1.9	8.0	0.5
Novbr...	7.2	6.8	2.0	7.2	0.4	7.2	7.5	3.5	8.0	-0.3	7.1	6.1	1.4	8.3	1.0
Dezbr...	7.7	7.2	2.0	6.8	0.5	7.7	8.2	3.5	7.3	-0.5	7.7	6.3	1.4	8.1	1.4

Monat	Prag (Garten)					Prag (Turm)					Chemnitz				
Januar ..	7.8ª	7.3ª	2.3ᵖ	7.0ʰ	0.5ʰ	7.8ª	7.8ª	2.6ᵖ	6.8ʰ	0.0ʰ	7.9ª	(7.2)ª	2.4ᵖ	7.2ʰ	0.7ʰ
Februar .	7.2	6.5	2.6	8.1	0.7	7.2	7.3	2.8	7.5	-0.1	7.2	7.2	2.4	7.2	0.0
März ...	6.2	6.2	2.8	8.6	0.0	6.2	6.5	3.0	8.5	-0.3	6.2	6.1	2.8	8.7	0.1
April ...	5.2	5.3	2.9	9.6	-0.1	5.2	5.7	3.3	9.6	-0.5	5.1	5.6	2.8	9.2	-0.5
Mai	4.3	4.3	3.1	10.8	0.0	4.3	5.4	3.4	10.0	-0.3	4.2	4.8	2.6	9.8	-0.6
Juni ...	3.9	4.1	3.2	11.1	-0.2	3.9	4.2	3.3	11.1	-0.3	3.8	4.4	2.4	10.0	-0.6
Juli ...	4.2	4.4	3.2	10.8	-0.2	4.2	4.3	3.2	10.9	-0.1	4.2	4.7	2.4	9.7	-0.5
August .	4.9	4.8	3.3	10.5	0.1	4.9	5.0	3.3	10.3	-0.1	4.8	5.3	2.4	9.1	-0.5
Septbr..	5.6	5.5	2.7	9.2	0.1	5.6	5.7	2.7	10.0	-0.1	5.6	5.9	2.3	8.4	-0.3
Oktober .	6.4	5.8	2.7	8.9	0.6	6.4	6.5	2.8	8.3	-0.1	6.4	6.6	2.2	7.6	-0.2
Novbr...	7.2	6.4	2.5	8.1	0.8	7.2	7.5	2.7	7.2	-0.3	7.3	7.0	2.1	7.1	0.3
Dezbr...	7.8	6.8	2.0	7.2	1.0	7.8	7.8	2.3	6.5	0.0	7.9	7.1	2.2	7.1	0.7

Mittlere Eintrittszeiten der täglichen Temperaturextreme.

Monat	Leipzig					Grünberg					Krakau				
	Aufgang der Sonne	Eintritt des		Zeitdiff. zwischen		Aufgang der Sonne	Eintritt des		Zeitdiff. zwischen		Aufgang der Sonne	Eintritt des		Zeitdiff. zwischen	
		Min.	Max.	Min. u. Max.	Sonnenaufgang u. Min.		Min.	Max.	Min. u. Max.	Sonnenaufgang u. Min.		Min.	Max.	Min. u. Max.	Sonnenaufgang u. Min.
Januar . .	7.9ª	7.7	2.2ᵖ	6.5ʰ	0.2ʰ	8.0ª	7.6ʰ	2.3ᵖ	6.7ʰ	0.4ʰ	7.8ª	7.2ª	2.4ᵖ	7.2ʰ	0.6ʰ
Februar .	7.2	7.1	2.3	7.2	0.1	7.3	7.2	2.4	7.2	0.1	7.2	6.8	2.6	7.8	0.4
März . . .	6.2	6.4	2.4	8.0	−0.2	6.2	6.4	2.6	8.2	−0.2	6.2	6.0	2.6	8.6	0.2
April . . .	5.1	5.3	2.2	8.9	−0.2	5.1	5.3	2.7	9.4	−0.2	5.2	5.1	2.3	9.2	0.1
Mai. . . .	4.2	4.5	2.4	9.9	−0.3	4.2	4.5	2.4	9.9	−0.3	4.3	4.3	2.1	9.8	0.0
Juni . . .	3.8	4.2	2.5	10.3	−0.4	3.7	3.9	2.5	10.6	−0.2	3.9	4.0	2.9	10.9	−0.1
Juli . . .	4.1	4.3	2.8	10.5	−0.2	4.1	4.3	2.3	10.0	−0.2	4.2	4.2	2.8	10.6	0.0
August .	4.8	4.7	2.4	9.7	0.1	4.8	5.0	2.8	9.8	−0.2	4.9	4.9	2.5	9.6	0.0
Septbr. . .	5.6	5.5	2.5	9.0	0.1	5.6	5.8	2.3	8.5	−0.2	5.6	5.5	2.2	8.7	0.1
Oktober .	6.5	6.6	2.4	7.8	−0.1	6.5	6.6	2.0	7.4	−0.1	6.4	6.2	2.1	7.9	0.2
Novbr. . .	7.3	7.0	2.2	7.2	0.3	7.4	6.9	1.9	7.0	0.5	7.2	6.7	2.3	7.6	0.5
Dezbr. . .	8.0	6.9	2.2	7.3	1.1	8.0	7.0	2.0	7.0	1.0	7.8	7.1	1.8	6.7	0.7

Monat	Brocken					Schneekoppe					Zugspitze				
Januar . .	8.0ª	(7.0)ª	2.1ᵖ	7.1ʰ	1.0ʰ	7.8ª	7.2ª	2.2ᵖ	7.0ʰ	0.6ʰ	7.7ª	6.8ª	1.9ᵖ	7.1ʰ	0.9ʰ
Februar .	7.3	(6.8)	2.3	7.5	0.5	7.2	(6.8)	2.1	7.3	0.4	7.1	6.7	1.7	7.0	0.4
März . . .	6.2	6.1	2.6	8.5	0.1	6.2	5.7	2.4	8.7	0.5	6.2	6.0	1.8	7.8	0.2
April . . .	5.1	5.5	2.9	9.4	−0.4	5.1	5.2	3.3	10.1	−0.1	5.2	5.0	2.0	9.0	0.2
Mai. . . .	4.2	4.2	3.2	11.0	0.0	4.3	4.2	3.2	11.0	0.1	4.4	4.3	2.4	10.1	0.1
Juni . . .	3.7	3.9	2.8	10.9	−0.2	3.9	4.2	3.5	11.3	−0.3	4.1	4.2	2.2	10.0	−0.1
Juli . . .	4.1	3.8	3.0	11.2	0.3	4.2	4.2	3.3	11.1	0.0	4.4	4.1	2.4	10.3	0.3
August .	4.8	4.6	2.7	10.1	0.2	4.8	(4.9)	3.4	10.5	−0.1	5.0	4.8	3.2	10.4	0.2
Septbr. . .	5.6	5.1	2.4	9.3	0.5	5.6	(5.4)	2.5	9.1	0.2	5.7	5.3	3.5	10.2	0.4
Oktober .	6.5	5.6	2.3	8.7	0.9	6.4	6.1	2.4	8.3	0.3	6.4	6.1	2.8	8.7	0.3
Novbr. . .	7.4	6.4	1.7	7.3	1.0	7.3	6.4	1.8	7.4	0.9	7.1	6.8	1.8	7.0	0.3
Dezbr. . .	8.0	7.2	1.9	6.7	0.8	7.9	7.3	2.1	6.8	0.6	7.6	7.2	1.9	6.7	0.4

land[1]), konstatieren, daß das Temperaturminimum im Winter am weitesten vom Sonnenaufgang absteht und daß das Temperaturmaximum sich vom Winter zum Sommer verspätet.

Das Temperaturminimum tritt an fast sämtlichen Stationen in den Wintermonaten vor Sonnenaufgang, im Hochsommer, meist aber schon in den Übergangsjahreszeiten dagegen nach ihm ein. Nur an den Turmstationen fällt das Temperaturminimum während des ganzen Jahres hinter den Aufgang des Tagesgestirns und zwar mit zunehmendem Abstand nach dem Sommer hin. An den übrigen Stationen überschreitet die Differenz zwischen dem mittleren Sonnenaufgang und dem mittleren Eintritt des Temperaturminimums im Sommer nicht 0.9ʰ, während sie im Winter bis 2ʰ ansteigt. „Es spricht sich in diesen Werten einmal die mit der Jahreszeit variable Länge der Dämmerung, dann aber auch der Einfluß der ebenfalls periodischen Wolkenbedeckung aus". Im Sommer mag vor allem die Verdunstung dazu beitragen, daß die Wirkung der Wärmedämmerung abgeschwächt oder ganz aufgehoben wird.

Die mittleren Eintrittszeiten des täglichen Temperaturmaximums zeigen an den Stationen bei weitem weniger Übereinstimmung als die des täglichen Temperaturminimums. Die spätesten Termine haben wieder die Turmstationen, an denen die verminderte Konvektion eine Verzögerung gegenüber den dem Erdboden nahen Schichten bedingt; an der Station im Münster zu Straßburg verspätet sich bei einer Höhendifferenz von 130 m gegenüber der Station an der Universitätssternwarte der Eintritt des Maximums in allen Monaten mit Ausnahme der 3 ersten um eine Stunde

[1]) G. Hellmann. a. a. O. S. 18.

und mehr. Deutlich tritt auch der verzögerte Temperaturgang im Gehäuse hervor, der für die Eintrittszeiten des täglichen Temperaturminimums ohne Belang ist[1]); ebenso lassen die Waldstationen eine Verspätung der Eintrittszeiten des Maximums erkennen. Die für die maritime Lage charakteristische Verfrühung des Eintritts des täglichen Temperaturmaximums finden wir dagegen unter der Voraussetzung, daß die Interpolation der geraden Stundenmittel ohne Einfluß ist, nur in Vamdrup stärker ausgeprägt, und es muß wohl als sicher angenommen werden, daß an manchen Küstenstationen die Land- und Seewinde erheblichen Einfluß auf die Eintrittszeiten des Tagesmaximums ausüben.

Die zwischen den Terminen liegende Zeit, vom Minimum zum Maximum gerechnet, schwankt im Durchschnitt von 6·in den Wintermonaten bis 11 Stunden in den Sommermonaten.

Reduktion auf wahre 24stündige Temperaturmittel.

Die verschiedenen Formeln, die zur Herleitung von Tagesmitteln aus Terminablesungen in Gebrauch sind, hat Valentin in seiner zitierten Abhandlung an einem umfangreichen Material einer so eingehenden Kritik unterzogen[2]), daß es ausreichend erscheint, nur die von ihm bezeichneten besten Kombinationen: $1/4 \, (7^a + 2^p + 9^p + 9^p)$, $1/4 \, (7^a + 1^p + 9^p + 9^p)$, $1/4 \, (8^a + 2^p + 10^p + 10^p)$, $1/4 \, (8^a + 1^p + 10^p + 10^p)$, sowie diejenigen, die bei den hier mitgeteilten Stationen infolge abweichender Beobachtungstermine (vergl. Anmerkung S. 18) außerdem in Betracht kommen: $1/3 \, (6^a + 2^p + 10^p)$, $1/4 \, (8^a + 2^p + 8^p + \text{Min.})$, $1/4 \, (8^a + 8^p + \text{Max.} + \text{Min.})$, $1/2 \{1/2 \, (8^a + 8^p) + 1/3 \, (8^a + 2^p + 8^p)\}$ an dem vorliegenden Beobachtungsmaterial auf ihre Güte zu prüfen. Die beiden letzten Formeln werden von der Deutschen Seewarte, die in ihrem Stationsnetz mit Rücksichtnahme auf den wettertelegraphischen Dienst die Beobachtungstermine 8^a, 2^p, 8^p beibehalten hat, während in ganz Mitteleuropa sonst fast allgemein jetzt um 7^a, 2^p, 9^p beobachtet wird, gemeinsam zur Berechnung der mittleren monatlichen Temperaturen benutzt, und zwar kommt die erstere für die Monate Mai bis August, die zweite für die übrige Zeit des Jahres in Anwendung.

Unsicherheit des Betrages der Korrektionen wird bei den vorstehenden Kombinationen vorwiegend durch die verschiedene Dauer der Beobachtungsperioden bedingt; der Verschiedenheit der Aufstellung der Thermometer[3]) und gewissen lokalen Beeinflussungen der Temperatur ist dagegen eine geringere Einwirkung zuzuschreiben, da drei- und mehrstündige Terminbeobachtungen zu Grunde liegen, die zudem hinreichend weit von einander entfernt sind und auf den Morgen, Nachmittag und späteren Abend fallen. Auch die Folgen von Aufstellungsmängeln, die in den Kurven einiger Stationen sich zeigten, werden in den Korrektionswerten weniger hervortreten, sofern die eine oder andere Terminbeobachtung auch davon getroffen wird und

---

[1]) Hellmann stellte fest, daß in Potsdam die höchste Temperatur im Laufe des Tages im Nordschatten des Hauses um 0.1 (Dezember) bis 0.9 (Juni) Stunden später eintritt als auf der Wiese, daß dagegen die Eintrittszeit des Minimums dieselbe ist. Bericht über die Tätigkeit des Kgl. Preuß. Meteorol. Inst. im Jahre 1911, S. 83.

[2]) Einen ausführlichen Literaturnachweis der Untersuchungen über die Berechnung von Temperaturmitteln aus Terminbeobachtungen gibt v. Hann in seinem Lehrbuch der Meteorologie, II. Auflage, Leipzig 1906, S. 78—79.

[3]) Am Potsdamer Meteorologischen Observatorium zeigen, wie Hellmann im Bericht über die Tätigkeit des Kgl. Preuß. Meteorol. Inst. im Jahre 1911, S. 67 nachweist, die aus 12jährigen Terminbeobachtungen der Lufttemperatur in einem Thermometergehäuse an der Nordseite des Hauses und in einer freistehenden englischen Hütte nach der Kämtzschen Formel $1/4 \, (7^a + 2^p + 9^p + 9^p)$ gebildeten Tagesmittel nur relativ geringe Abweichungen von einander (1 bis 3 Zehntel).

dadurch das aus ihnen berechnete Tagesmittel dem gleichen Einfluß unterliegt wie das wahre. Nur die drei Stationen Kaiserslautern, Von der Heydt-Grube und Görbersdorf, deren täglichem Gang der Temperatur größere Unregelmäßigkeiten anhaften, wurden in den folgenden Zusammenstellungen der Unterschiede zwischen den wahren Tagesmitteln und den Mitteln aus Terminbeobachtungen ausgeschlossen.

Die Kombination $1/4\,(7^a + 2^p + 9^p + 9^p)$ liefert fast das ganze Jahr hindurch zu hohe Temperaturmittel; nur im August, September und Oktober weisen mehrere, im März und April vereinzelte Stationen positive Korrektionen der Monatsmittel auf. Die Turm- und Gipfelstationen, abgesehen von der Zugspitze, von der bloß 4 jährige Beobachtungen zur Verwendung kamen, haben durchweg negative Werte; sie sind an den Gipfelstationen gering, an den Turmstationen dagegen hoch und erreichen mit -0.42^0 im Juli an der Station Straßburg (Münsterspitze) das Maximum unter den Korrektionen der Monatsmittel. Im Jahresmittel ergibt die Kombination für sämtliche Stationen mit Ausnahme der Zugspitze negative Korrektionen.

Einen Wechsel zwischen positiven und negativen Korrektionen der Jahresmittel zeigt die Kombination $1/4\,(7^a + 1^p + 9^p + 9^p)$. Da diese Werte größtenteils nur wenig von Null entfernt und überdies die Korrektionen der Monatsmittel kleiner als die der vorhergehenden Kombination sind, so würde ihre Anwendung, wie auch Valentin betont[1]), weit vorteilhafter sein, wenn gleichzeitig 1^p der an eine gute Kombination gestellten Forderung der möglichsten Annäherung der Beobachtungstermine an die Zeiten der Temperaturextreme entspräche; dieser Bedingung hinsichtlich des Maximums wird indessen bekanntlich mit dem 2^p-Termin erheblich besser genügt, wie ein Blick auf die Tabellen auf S. 24—26 überzeugt. Im Jahresmittel überragt wieder die am höchsten über dem Erdboden gelegene Station Straßburg (Münsterspitze) mit der Reduktionsgröße -0.20^0 alle übrigen Stationen; die extremen Monatsmittel fallen auf Vamdrup -0.38^0 im Juni und auf Uslar $+0.27^0$ im August. Für die Gipfelstationen sind hinsichtlich der Größe der Korrektionen die Verhältnisse noch günstiger als bei der obigen Kombination; an den Turmstationen herrscht das Minuszeichen wieder vor und nur Potsdam (Turm) und die Dachstation Berlin haben im September geringe positive Werte ($+0.01^0$ bezw. $+0.04^0$).

Die beiden Kombinationen $1/4\,(8^a + 2^p + 10^p + 10^p)$ und $1/4\,(8^a + 1^p + 10^p + 10^p)$ stehen den besprochenen an Güte nicht nach. Schon in ihrem Charakter zeigen die Korrektionen ein wesentlich analoges Verhalten; sie sind bei der 2^p-Kombination im Jahresmittel mit Ausnahme von Wasserleben $+0.02^0$ und Leipzig $+0.02^0$ negativ, und im Monatsmittel treten positive Werte fast nur in den Übergangsmonaten auf; bei der 1^p-Kombination herrscht dagegen ein Gemisch positiver und negativer Korrektionen mit überwiegender Anzahl der ersteren. Die Beträge selbst sind im allgemeinen durchgehends kleiner als die der obigen Kombinationen und erreichen nur bei der 1^p-Kombination das gleiche positive Maximum $+0.27^0$ im Monatsmittel. Auch läßt die Kombination $1/4\,(8^a + 2^p + 10^p + 10^p)$ vielfach, namentlich in den Sommermonaten, in ihren Reduktionswerten eine größere Beständigkeit erkennen. Gegen die beiden Kombinationen spricht nur der Umstand, daß bei der, besonders während der warmen Jahres-

---

[1]) J. Valentin. a. a. O. S. 74.

Wahres Tagesmittel — $\frac{1}{4}(7^a + 2^p + 9^p + 9^p)$.

Stationen	Jan.	Febr.	März	April	Mai	Juni	Juli	Aug.	Sept.	Okt.	Nov.	Dez.	Jahr
Königsberg (16 J.)	—0.12	—0.09	—0.05	0.00	—0.07	—0.07	—0.06	+0.12	+0.18	+0.04	—0.06	—0.07	—0.02
Wustrow (9 J.)	—0.07	—0.08	—0.05	0.00	—0.08	—0.16	—0.11	—0.03	—0.03	—0.03	—0.06	—0.09	—0.07
Vamdrup (12 J.)	—0.03	—0.02	+0.09	+0.05	—0.18	—0.38	—0.24	—0.04	+0.14	+0.09	—0.02	—0.04	—0.05
Hamburg (31 J.)	—0.10	—0.10	—0.08	—0.11	—0.20	—0.20	—0.14	—0.06	—0.04	—0.05	—0.11	—0.07	—0.10
Bremen (13 J.)	—0.13	—0.11	—0.09	—0.11	—0.25	—0.24	—0.20	—0.05	—0.06	—0.06	—0.11	—0.08	—0.12
Eberswalde [Feldstation] (8 J.)	—0.10	—0.02	+0.11	+0.11	—0.08	—0.23	—0.07	+0.18	+0.23	+0.03	—0.06	—0.07	—0.01
Eberswalde [Waldstation] (8 J.)	—0.12	—0.08	0.00	+0.04	—0.07	—0.20	—0.11	+0.05	+0.07	—0.02	—0.06	—0.09	—0.09
Berlin [Dachstation] (8 J.)	—0.16	—0.15	—0.15	—0.18	—0.27	—0.26	—0.20	—0.11	—0.03	—0.07	—0.12	—0.11	—0.15
Ruhleben bei Spandau (21 J.)	—0.13	—0.07	0.00	—0.05	—0.15	—0.15	—0.09	+0.06	+0.12	—0.01	—0.10	—0.07	—0.05
Potsdam [Wiese] (16 J.)	—0.18	—0.10	—0.02	—0.03	—0.13	—0.13	—0.04	+0.11	+0.10	—0.01	—0.10	—0.11	—0.05
Potsdam [Turm] (12 J.)	—0.15	—0.13	—0.12	—0.15	—0.30	—0.35	—0.27	—0.20	—0.08	—0.07	—0.10	—0.11	—0.17
Magdeburg (4 J.)	—0.07	—0.02	—0.04	—0.15	—0.26	—0.30	—0.15	—0.04	—0.10	—0.02	—0.09	—0.05	—0.09
Wasserleben (10 J.)	—0.11	—0.13	—0.01	+0.03	—0.12	—0.14	—0.04	+0.12	+0.11	+0.03	—0.13	—0.14	—0.04
Uslar (13 J.)	—0.04	—0.07	+0.01	+0.05	—0.05	—0.06	—0.01	+0.18	+0.13	+0.01	—0.07	—0.08	0.00
Aachen [Alfonsstr.] (5 J.)	—0.09	—0.03	0.00	—0.03	—0.10	—0.13	—0.04	+0.04	+0.12	+0.06	—0.04	—0.09	—0.02
Aachen [Stadtwald] (5 J.)	—0.08	0.00	—0.01	—0.08	—0.20	—0.04	—0.10	0.00	+0.04	+0.04	—0.01	—0.07	—0.04
Aachen [Observatorium] (8 J.)	—0.14	—0.08	0.00	—0.07	—0.02	—0.08	—0.01	+0.05	+0.05	+0.03	—0.04	—0.04	—0.03
Straßburg [Universität] (13 J.)	—0.18	—0.15	—0.07	—0.16	—0.21	—0.23	—0.13	—0.04	—0.08	—0.03	—0.08	—0.10	—0.12
Straßburg [Münsterspitze] (13 J.)	—0.24	—0.24	—0.33	—0.37	—0.39	—0.42	—0.40	—0.37	—0.37	—0.21	—0.14	—0.10	—0.30
München (33 J.)	—0.06	—0.01	+0.07	+0.01	—0.16	—0.11	—0.16	0.00	+0.09	+0.14	+0.04	—0.05	—0.02
Prag [Garten] (6 J.)	—0.19	—0.11	—0.04	—0.24	—0.26	—0.40	—0.26	—0.20	—0.14	—0.08	—0.13	—0.11	—0.18
Prag [Turm] (6 J.)	—0.12	—0.13	—0.15	—0.18	—0.21	—0.28	—0.20	—0.12	—0.15	—0.15	—0.09	—0.09	—0.16
Chemnitz (13 J.)	—0.15	—0.10	+0.01	—0.02	—0.16	—0.24	—0.12	+0.09	+0.13	+0.02	—0.06	—0.05	—0.06
Leipzig (5 J.)	—0.14	—0.12	—0.15	—0.15	—0.33	—0.30	—0.19	—0.10	+0.03	+0.02	—0.10	—0.09	—0.14
Grünberg (4½ J.)	—0.15	—0.06	0.00	—0.04	—0.17	—0.16	—0.06	+0.10	+0.08	+0.01	—0.04	+0.01	—0.04
Krakau (5 J.)	—0.11	—0.07	—0.06	—0.11	—0.09	—0.13	—0.15	—0.09	—0.05	+0.01	+0.01	—0.08	—0.08
Brocken (12 J.)	—0.04	—0.05	—0.05	—0.09	—0.06	—0.08	—0.08	—0.06	—0.01	—0.01	—0.01	—0.02	—0.05
Schneekoppe (7¼ J.)	—0.07	—0.10	—0.06	—0.12	—0.18	—0.09	—0.07	—0.13	—0.05	+0.01	—0.06	—0.03	—0.08
Zugspitze (4 J.)	+0.06	+0.02	—0.01	+0.02	—0.07	—0.01	—0.03	+0.05	+0.03	+0.06	+0.02	+0.02	+0.01

Wahres Tagesmittel — $\frac{1}{4}(7^a + 1^p + 9^p + 9^p)$.

Stationen	Jan.	Febr.	März	April	Mai	Juni	Juli	Aug.	Sept.	Okt.	Nov.	Dez.	Jahr
Königsberg (16 J.)	—0.10	—0.04	—0.02	+0.07	0.00	+0.02	+0.02	+0.20	+0.22	+0.05	—0.06	—0.05	+0.03
Wustrow (9 J.)	—0.04	0.00	+0.03	+0.08	0.00	—0.07	—0.05	+0.06	+0.05	+0.04	—0.02	—0.05	0.00
Vamdrup (12 J.)	—0.02	—0.01	+0.11	+0.06	—0.16	—0.38	—0.23	—0.02	+0.14	+0.06	—0.02	—0.05	—0.04
Hamburg (31 J.)	—0.05	—0.03	—0.01	—0.04	—0.14	—0.15	—0.09	—0.02	0.00	—0.06	—0.04	—0.04	—0.05
Bremen (13 J.)	—0.10	—0.06	—0.04	—0.10	—0.26	—0.24	—0.21	—0.06	—0.03	—0.01	—0.10	—0.06	—0.10
Eberswalde [Feldstation] (8 J.)	—0.07	+0.02	+0.16	+0.16	—0.05	—0.19	—0.03	+0.20	+0.25	+0.06	—0.04	—0.06	+0.03
Eberswalde [Waldstation] (8 J.)	—0.07	—0.01	+0.06	+0.06	—0.04	—0.15	—0.06	+0.08	+0.07	0.00	—0.04	—0.07	—0.05
Berlin [Dachstation] (8 J.)	—0.11	—0.07	—0.07	—0.10	—0.20	—0.22	—0.17	—0.02	+0.06	—0.01	—0.08	—0.08	—0.10
Ruhleben bei Spandau (21 J.)	—0.07	—0.02	+0.06	+0.01	—0.07	—0.06	—0.01	+0.19	+0.26	+0.08	—0.05	—0.05	+0.04
Potsdam [Wiese] (16 J.)	—0.13	—0.03	+0.06	+0.07	—0.03	—0.05	+0.03	+0.17	+0.17	+0.02	—0.07	—0.11	+0.01
Potsdam [Turm] (12 J.)	—0.09	—0.05	—0.01	—0.05	—0.20	—0.27	—0.19	—0.09	+0.01	0.00	—0.08	—0.08	—0.09
Magdeburg (4 J.)	—0.01	+0.05	+0.08	—0.04	—0.16	—0.18	—0.07	+0.08	+0.17	+0.07	—0.01	—0.01	0.00
Wasserleben (10 J.)	—0.07	—0.08	+0.05	+0.13	—0.01	—0.03	+0.03	+0.21	+0.21	+0.11	—0.09	—0.10	+0.04
Uslar (13 J.)	+0.03	+0.01	+0.11	+0.11	—0.04	—0.01	+0.07	+0.27	+0.21	+0.09	—0.05	—0.05	+0.08
Aachen [Alfonsstr.] (5 J.)	—0.04	+0.05	+0.10	+0.07	—0.03	—0.07	+0.04	+0.14	+0.18	+0.15	+0.01	—0.05	+0.06
Aachen [Stadtwald] (5 J.)	—0.06	+0.08	+0.08	+0.02	—0.11	—0.01	—0.01	+0.08	+0.16	+0.05	—0.01	—0.06	+0.02
Aachen [Observatorium] (8 J.)	—0.13	—0.04	+0.06	—0.04	—0.05	+0.04	+0.05	+0.09	+0.02	+0.01	—0.05	—0.03	—0.01
Straßburg [Universität] (13 J.)	—0.12	—0.05	+0.04	—0.04	—0.14	—0.17	—0.06	+0.01	+0.04	+0.03	—0.04	—0.06	—0.05
Straßburg [Münsterspitze] (13 J.)	—0.10	—0.13	—0.21	—0.23	—0.31	—0.32	—0.30	—0.27	—0.24	—0.11	—0.08	—0.04	—0.20
München (33 J.)	—0.05	+0.04	+0.13	+0.09	—0.11	—0.06	—0.10	+0.06	+0.15	+0.19	+0.07	—0.06	+0.03
Prag [Garten] (6 J.)	—0.16	—0.06	+0.02	—0.16	—0.21	—0.31	—0.16	—0.12	—0.10	—0.02	—0.07	—0.09	—0.12
Prag [Turm] (6 J.)	—0.06	—0.04	—0.05	—0.10	—0.11	—0.17	—0.13	—0.03	—0.07	—0.09	—0.03	—0.03	—0.08
Chemnitz (13 J.)	—0.10	—0.04	+0.10	+0.06	—0.07	—0.16	—0.02	+0.19	+0.20	+0.08	—0.04	—0.05	+0.01
Leipzig (5 J.)	—0.08	—0.06	—0.04	+0.02	—0.21	—0.19	—0.06	—0.04	+0.15	+0.09	—0.05	—0.08	—0.04
Grünberg (4½ J.)	—0.11	0.00	+0.09	+0.07	—0.09	—0.04	+0.04	+0.21	+0.17	+0.05	—0.01	+0.03	+0.03
Krakau (5 J.)	—0.05	—0.01	0.00	—0.03	—0.06	—0.09	—0.14	—0.04	—0.01	+0.05	—0.05	—0.05	—0.04
Brocken (12 J.)	—0.03	—0.02	—0.01	—0.04	—0.02	—0.02	—0.01	—0.02	+0.01	+0.01	—0.01	—0.01	—0.01
Schneekoppe (7¼ J.)	—0.06	—0.08	—0.04	—0.06	—0.10	—0.04	+0.01	—0.04	0.00	+0.02	—0.06	—0.02	—0.04
Zugspitze (4 J.)	+0.06	—0.01	+0.01	+0.05	—0.02	+0.02	+0.01	+0.11	—0.06	—0.09	+0.02	+0.03	+0.01

Wahres Tagesmittel — $\frac{1}{4}(8^a + 2^p + 10^p + 10^p)$.

Stationen	Jan.	Febr.	März	April	Mai	Juni	Juli	Aug.	Sept.	Okt.	Nov.	Dez.	Jahr
Königsberg (16 J.)	−0.06	−0.03	−0.06	−0.06	−0.10	−0.06	−0.05	−0.01	+0.03	+0.04	0.00	−0.01	−0.03
Wustrow (9 J.)	+0.04	−0.06	−0.03	0.00	−0.06	−0.08	−0.06	−0.06	−0.02	+0.03	−0.01	−0.06	−0.04
Vamdrup (12 J.)	−0.02	−0.03	+0.05	+0.05	−0.09	−0.11	−0.02	+0.07	+0.05	−0.03	−0.02	−0.02
Hamburg (31 J.)	−0.05	−0.03	−0.02	−0.08	−0.16	−0.13	−0.12	−0.01	0.00	+0.01	−0.04	−0.02	−0.05
Bremen (13 J.)	−0.03	−0.01	−0.03	−0.11	−0.18	−0.13	−0.10	−0.05	−0.01	−0.04	−0.02	+0.01	−0.06
Eberswalde [Feldstation] (8 J.)	−0.06	+0.04	+0.04	−0.03	−0.05	−0.08	0.00	+0.03	+0.03	−0.03	−0.02	−0.02	−0.02
Eberswalde [Waldstation] (8 J.)	−0.08	−0.02	+0.04	+0.03	−0.12	−0.12	−0.06	+0.04	+0.06	0.00	0.00	−0.02	−0.01
Berlin [Dachstation] (8 J.)	−0.11	−0.04	−0.11	−0.16	−0.19	−0.22	−0.15	−0.16	−0.05	+0.01	−0.04	−0.07	−0.11
Ruhleben bei Spandau (21 J.)	−0.07	−0.03	−0.04	−0.12	−0.10	+0.03	−0.01	−0.05	−0.10	−0.09	−0.05	−0.01	−0.05
Potsdam [Wiese] (16 J.)	−0.09	+0.01	+0.02	−0.08	−0.13	−0.08	−0.03	−0.04	+0.01	+0.03	−0.01	−0.03	−0.03
Potsdam [Turm] (12 J.)	−0.05	+0.03	−0.02	−0.10	−0.22	−0.20	−0.12	−0.04	+0.04	−0.01	−0.05	−0.08
Magdeburg (4 J.)	−0.02	−0.02	+0.01	−0.11	−0.21	−0.27	−0.11	−0.12	+0.06	+0.03	−0.03	+0.01	−0.06
Wasserleben (10 J.)	−0.04	−0.06	+0.02	+0.03	−0.03	+0.08	+0.09	+0.10	+0.07	+0.06	−0.03	−0.04	+0.02
Uslar (13 J.)	+0.01	−0.01	+0.02	−0.03	−0.14	−0.06	−0.01	+0.06	+0.13	+0.04	−0.02	−0.05	0.00
Aachen [Alfonsstr.] (5 J.)	−0.04	+0.01	+0.03	−0.07	−0.15	−0.18	−0.06	−0.10	+0.02	+0.11	+0.01	−0.07	−0.04
Aachen [Stadtwald] (5 J.)	−0.06	−0.02	0.00	−0.11	−0.15	−0.07	−0.04	−0.01	+0.03	+0.06	+0.04	−0.07	−0.04
Aachen [Observatorium] (8 J.)	−0.04	−0.02	0.00	−0.08	−0.04	0.00	−0.02	−0.04	−0.07	+0.01	0.00	+0.01	−0.02
Straßburg [Universität] (13 J.)	−0.04	−0.06	0.00	−0.13	−0.21	−0.18	−0.11	−0.01	+0.02	+0.02	−0.02	−0.05	−0.07
Straßburg [Münsterspitze] (13 J.)	−0.14	−0.13	−0.16	−0.22	−0.26	−0.34	−0.30	−0.11	−0.15	−0.07	−0.06	−0.03	−0.17
München (33 J.)	−0.02	−0.01	0.00	−0.16	−0.17	−0.11	−0.12	−0.14	−0.09	+0.04	+0.03	+0.01	−0.06
Prag [Garten] (6 J.)	−0.09	−0.02	−0.04	−0.08	−0.19	−0.36	−0.24	−0.18	−0.06	−0.02	−0.06	−0.05	−0.10
Prag [Turm] (6 J.)	−0.04	−0.05	−0.06	−0.12	−0.23	−0.24	−0.16	−0.20	−0.14	−0.07	−0.05	−0.03	−0.12
Chemnitz (13 J.)	−0.07	−0.02	+0.01	−0.09	−0.24	−0.15	−0.15	−0.08	−0.02	0.00	−0.02	−0.05	−0.08
Leipzig (5 J.)	−0.05	−0.02	−0.02	−0.04	−0.02	−0.02	+0.14	+0.07	+0.08	+0.11	+0.01	−0.03	+0.01
Grünberg (4½ J.)	−0.08	+0.03	+0.03	−0.04	−0.16	−0.06	0.00	−0.04	−0.01	+0.01	−0.01	−0.05	−0.03
Krakau (5 J.)	−0.04	−0.05	−0.03	−0.14	−0.09	−0.10	−0.04	−0.06	−0.11	+0.01	−0.02	−0.02	−0.06
Brocken (12 J.)	−0.01	−0.02	−0.03	−0.05	−0.02	−0.02	−0.01	−0.05	−0.04	−0.03	−0.02	0.00	−0.03
Schneekoppe (7¼ J.)	−0.01	−0.01	−0.02	−0.06	−0.08	−0.02	−0.02	−0.06	−0.02	−0.02	−0.01	+0.01	−0.03
Zugspitze (4 J.)	+0.04	−0.02	−0.07	−0.03	−0.11	+0.02	−0.01	+0.04	+0.01	+0.01	0.00	−0.03	−0.01

Wahres Tagesmittel — $\frac{1}{4}(8^a + 1^p + 10^p + 10^p)$.

Stationen	Jan.	Febr.	März	April	Mai	Juni	Juli	Aug.	Sept.	Okt.	Nov.	Dez.	Jahr
Königsberg (16 J.)	−0.04	+0.02	+0.02	+0.01	−0.03	−0.02	+0.03	+0.06	+0.08	+0.05	0.00	−0.01	+0.01
Wustrow (9 J.)	0.00	+0.02	+0.05	+0.08	+0.02	+0.01	0.00	+0.03	+0.06	+0.09	+0.04	−0.02	+0.03
Vamdrup (12 J.)	+0.01	0.00	+0.07	+0.06	−0.16	−0.09	−0.01	+0.07	+0.02	−0.04	−0.04	−0.02
Hamburg (31 J.)	+0.01	+0.04	+0.04	0.00	−0.10	−0.08	−0.07	+0.04	+0.06	+0.02	0.00	0.00
Bremen (13 J.)	0.00	+0.04	+0.03	−0.06	−0.17	−0.11	−0.09	−0.03	+0.05	+0.02	0.00	+0.03	−0.03
Eberswalde [Feldstation] (8 J.)	−0.03	+0.07	+0.09	+0.02	−0.02	−0.04	+0.04	+0.06	+0.05	0.00	0.00	−0.01	+0.01
Eberswalde [Waldstation] (8 J.)	−0.04	+0.10	+0.10	+0.05	−0.02	−0.07	−0.01	+0.07	+0.06	+0.02	+0.03	0.00	+0.03
Berlin [Dachstation] (8 J.)	−0.06	+0.04	−0.03	−0.08	−0.13	−0.18	−0.13	−0.06	+0.01	+0.07	0.00	−0.03	−0.05
Ruhleben bei Spandau (21 J.)	−0.01	+0.06	+0.08	0.00	+0.03	+0.12	+0.09	+0.09	+0.04	+0.01	+0.02	+0.01	+0.04
Potsdam [Wiese] (16 J.)	−0.03	+0.08	+0.11	+0.03	−0.03	0.00	+0.05	+0.03	+0.08	+0.06	+0.01	−0.03	+0.03
Potsdam [Turm] (12 J.)	0.00	+0.10	+0.09	−0.01	−0.12	−0.12	−0.01	+0.06	+0.09	+0.04	−0.04	−0.02	+0.01
Magdeburg (4 J.)	+0.04	+0.10	+0.12	0.00	−0.11	−0.14	−0.03	+0.01	+0.13	+0.12	+0.05	+0.05	+0.03
Wasserleben (10 J.)	+0.00	+0.01	+0.13	+0.13	+0.08	+0.19	+0.16	+0.20	+0.17	+0.15	+0.02	−0.01	+0.10
Uslar (13 J.)	+0.06	+0.09	+0.12	+0.04	−0.05	0.00	+0.07	+0.15	+0.21	+0.12	+0.05	−0.02	+0.07
Aachen [Alfonsstr.] (5 J.)	0.00	+0.08	+0.12	+0.03	−0.08	−0.07	+0.05	+0.01	+0.08	+0.20	+0.06	−0.03	+0.03
Aachen [Stadtwald] (5 J.)	−0.03	+0.08	+0.09	−0.01	−0.07	−0.03	+0.06	+0.06	+0.10	+0.11	+0.05	−0.06	+0.03
Aachen [Observatorium] (8 J.)	−0.03	+0.03	+0.02	+0.06	−0.05	+0.02	+0.03	+0.04	+0.02	+0.02	+0.01	−0.01	+0.01
Straßburg [Universität] (13 J.)	+0.02	+0.05	+0.11	−0.02	−0.15	−0.12	−0.04	+0.05	+0.10	+0.09	+0.02	−0.01	+0.01
Straßburg [Münsterspitze] (13 J.)	−0.02	−0.02	−0.04	−0.09	−0.19	−0.23	−0.20	−0.11	−0.02	+0.03	0.00	0.00	−0.07
München (33 J.)	0.00	+0.03	+0.10	−0.09	−0.10	−0.06	−0.06	−0.08	−0.03	+0.09	0.00	0.00
Prag [Garten] (6 J.)	−0.05	+0.02	+0.02	−0.01	−0.12	−0.16	−0.15	−0.19	−0.02	+0.04	−0.01	−0.04	−0.06
Prag [Turm] (6 J.)	+0.02	+0.03	+0.04	−0.04	−0.13	−0.13	−0.13	−0.10	−0.06	−0.01	+0.04	+0.01	−0.04
Chemnitz (13 J.)	−0.02	+0.04	+0.03	0.00	−0.15	−0.16	−0.05	+0.02	+0.06	+0.06	0.00	−0.02	−0.01
Leipzig (5 J.)	+0.02	+0.10	+0.08	+0.13	+0.10	+0.09	+0.27	+0.22	+0.19	+0.18	+0.06	−0.01	+0.12
Grünberg (4½ J.)	−0.02	+0.04	+0.08	+0.06	−0.08	+0.05	+0.09	+0.08	+0.08	+0.05	+0.01	+0.06	+0.05
Krakau (5 J.)	+0.03	+0.01	+0.03	−0.06	−0.07	−0.05	+0.03	−0.04	+0.06	+0.05	−0.02	0.00	+0.01
Brocken (12 J.)	−0.01	+0.01	+0.01	0.00	+0.03	+0.04	+0.05	+0.03	0.00	−0.01	−0.03	+0.01	+0.01
Schneekoppe (7¼ J.)	+0.01	+0.01	0.00	0.00	+0.03	+0.06	+0.03	+0.06	+0.05	−0.02	+0.02	+0.02
Zugspitze (4 J.)	+0.05	−0.02	−0.05	+0.01	−0.06	+0.05	+0.03	+0.10	+0.05	+0.03	0.00	−0.02	+0.01

Wahres Tagesmittel $-1/3 (6^u + 2^p + 10^p)$.

Stationen	Jan.	Febr.	März	April	Mai	Juni	Juli	Aug.	Sept.	Okt.	Nov.	Dez.	Jahr
Königsberg (16 J.)	—0.12	—0.11	—0.05	+0.17	+0.24	+0.22	+0.27	+0.35	+0.19	0.00	—0.09	—0.06	+0.08
Wustrow (9 J.)	—0.08	—0.11	—0.06	+0.09	—0.14	+0.15	+0.11	+0.10	+0.03	—0.08	—0.10	—0.09	+0.01
Vamdrup (12 J.)	—0.10	—0.09	+0.02	+0.24	+0.14	+0.09	+0.09	+0.15	+0.17	+0.03	—0.06	—0.10	+0.05
Hamburg (31 J.)	—0.09	—0.08	+0.02	+0.17	+0.18	+0.22	+0.19	+0.24	+0.15	—0.03	—0.09	—0.06	+0.07
Bremen (13 J.)	—0.10	—0.09	—0.07	+0.23	+0.23	+0.25	+0.27	+0.32	+0.25	—0.01	—0.11	—0.07	+0.10
Eberswalde [Feldstation] (8 J.)	—0.17	—0.14	—0.10	+0.49	+0.35	+0.30	+0.39	+0.45	+0.31	—0.05	—0.20	—0.16	+0.13
Eberswalde [Waldstation] (8 J.)	—0.15	—0.13	—0.02	+0.55	+0.46	+0.35	+0.34	+0.33	+0.12	—0.08	—0.14	—0.14	+0.11
Berlin [Dachstation] (8 J.)	—0.10	—0.07	—0.05	+0.27	+0.29	+0.24	+0.26	+0.25	+0.17	0.00	—0.07	—0.08	+0.10
Ruhleben bei Spandau (21 J.)	—0.15	—0.12	—0.09	+0.28	+0.19	+0.22	+0.22	+0.30	+0.25	—0.07	—0.16	—0.11	+0.08
Potsdam [Wiese] (16 J.)	—0.20	—0.14	—0.04	+0.28	+0.31	+0.27	+0.32	+0.34	+0.13	—0.11	—0.18	—0.14	+0.08
Potsdam [Turm] (12 J.)	—0.13	—0.06	—0.01	+0.22	+0.24	+0.23	+0.24	+0.26	+0.16	—0.04	—0.14	—0.13	+0.07
Magdeburg (4 J.)	—0.15	—0.09	—0.01	+0.23	+0.26	+0.26	+0.27	+0.35	+0.20	—0.03	—0.17	—0.12	+0.08
Wasserleben (10 J.)	—0.16	—0.16	0.00	+0.28	+0.29	+0.33	+0.42	+0.39	+0.20	—0.07	—0.19	—0.16	+0.10
Uslar (13 J.)	—0.11	—0.15	0.00	+0.23	+0.36	+0.38	+0.38	+0.36	+0.14	—0.10	—0.18	—0.14	+0.10
Aachen [Alfonsstr.] (5 J.)	—0.10	—0.08	—0.04	+0.14	+0.22	+0.20	+0.22	+0.18	+0.03	—0.06	—0.12	—0.12	+0.04
Aachen [Stadtwald] (5 J.)	—0.11	—0.08	0.00	+0.09	+0.11	+0.21	+0.15	+0.17	+0.02	—0.00	—0.08	—0.12	+0.03
Aachen [Observatorium] (8 J.)	—0.14	—0.09	+0.02	+0.18	+0.29	+0.27	+0.28	+0.18	+0.15	+0.01	—0.08	—0.08	+0.08
Straßburg [Universität] (13 J.)	—0.14	—0.12	+0.09	+0.27	+0.21	+0.22	+0.27	+0.30	+0.15	—0.03	—0.12	—0.14	+0.08
Straßburg [Münsterspitze] (13 J.)	—0.18	—0.10	—0.07	+0.02	—0.09	+0.07	+0.09	+0.07	—0.05	—0.03	—0.05	—0.05	—0.02
München (33 J.)	—0.19	—0.16	—0.10	+0.18	+0.18	+0.16	+0.26	+0.32	+0.31	+0.07	—0.06	—0.13	+0.10
Prag [Garten] (6 J.)	—0.12	—0.08	—0.05	+0.25	+0.26	+0.24	+0.26	+0.29	+0.17	—0.07	—0.12	—0.14	+0.08
Prag [Turm] (6 J.)	—0.09	—0.10	—0.03	+0.16	+0.14	+0.14	+0.17	+0.13	—0.03	—0.10	—0.08	+0.03	
Chemnitz (13 J.)	—0.21	—0.15	—0.02	+0.28	+0.37	+0.35	+0.33	+0.37	+0.17	—0.09	—0.18	—0.18	+0.09
Leipzig (5 J.)	—0.22	—0.13	+0.06	+0.27	+0.27	+0.25	+0.40	+0.37	+0.31	—0.04	—0.13	—0.14	+0.10
Grünberg (4½ J.)	—0.17	—0.10	+0.03	+0.17	+0.18	+0.17	+0.24	+0.24	+0.12	—0.07	—0.09	—0.06	+0.06
Krakau (5 J.)	—0.11	—0.09	+0.05	+0.16	+0.22	+0.25	+0.29	+0.32	+0.21	+0.06	—0.02	—0.13	+0.13	+0.09
Brocken (12 J.)	—0.06	—0.04	—0.01	+0.01	+0.03	0.00	+0.04	0.00	—0.05	—0.05	—0.04	—0.01	
Schneekoppe (7¼ J.)	—0.05	—0.06	—0.01	—0.03	—0.05	—0.03	0.00	—0.02	—0.07	—0.04	—0.02	—0.03	—0.03
Zugspitze (4 J.)	—0.03	+0.01	—0.04	—0.01	—0.03	+0.02	0.00	—0.06	+0.04	+0.02	—0.04	—0.04	—0.01

Wahres Tagesmittel $-1/4 (8^u + 2^p + 8^p + Min.)$.

Stationen	Jan.	Febr.	März	April	Mai	Juni	Juli	Aug.	Sept.	Okt.	Nov.	Dez.	Jahr
Königsberg (16 J.)	+0.02	+0.09	+0.12	+0.14	+0.09	+0.01	+0.06	+0.12	+0.19	+0.17	+0.05	0.00	+0.09
Wustrow (9 J.)	+0.01	+0.11	+0.13	+0.13	+0.09	+0.02	+0.05	+0.08	+0.15	+0.09	+0.05	—0.01	+0.07
Vamdrup (12 J.)	+0.05	+0.17	+0.15	+0.10	+0.10	—0.04	—0.03	+0.04	+0.14	+0.12	+0.08	+0.02	+0.06
Hamburg (31 J.)	+0.04	+0.11	+0.20	+0.22	+0.12	+0.12	+0.10	+0.22	+0.28	+0.20	+0.08	+0.02	+0.14
Bremen (13 J.)	+0.06	+0.10	+0.21	+0.18	+0.12	+0.15	+0.07	+0.16	+0.24	+0.22	+0.11	+0.05	+0.14
Eberswalde [Feldstation] (8 J.)	+0.07	+0.13	+0.28	+0.28	+0.18	—0.04	+0.16	+0.21	+0.26	+0.17	+0.04	+0.03	+0.15
Eberswalde [Waldstation] (8 J.)	+0.06	+0.08	+0.30	+0.34	+0.26	+0.10	+0.13	+0.28	+0.31	+0.18	+0.08	+0.05	+0.18
Berlin [Dachstation] (8 J.)	+0.04	+0.12	+0.27	+0.29	+0.20	+0.15	+0.24	+0.29	+0.20	+0.08	+0.01	+0.17	
Ruhleben bei Spandau (21 J.)	+0.08	+0.10	+0.24	+0.21	+0.14	+0.05	+0.10	+0.17	+0.16	+0.11	+0.06	+0.05	+0.12
Potsdam [Wiese] (16 J.)	+0.03	+0.13	+0.28	+0.25	+0.17	+0.08	+0.15	+0.25	+0.29	+0.22	+0.09	+0.03	+0.16
Potsdam [Turm] (12 J.)	+0.06	+0.13	+0.26	+0.27	+0.20	+0.17	+0.20	+0.26	+0.34	+0.24	+0.11	+0.05	+0.19
Magdeburg (4 J.)	—0.02	+0.16	+0.20	+0.21	+0.16	+0.15	+0.16	+0.29	+0.32	+0.26	+0.11	+0.02	+0.17
Wasserleben (10 J.)	+0.01	+0.07	+0.19	+0.17	+0.11	—0.01	+0.06	+0.18	+0.24	+0.18	+0.04	+0.01	+0.10
Uslar (13 J.)	+0.05	+0.17	+0.23	+0.25	+0.14	+0.09	+0.14	+0.16	+0.31	+0.17	+0.06	+0.03	+0.15
Aachen [Alfonsstr.] (5 J.)	+0.04	+0.13	+0.14	+0.14	0.00	—0.05	—0.04	+0.05	+0.13	+0.08	+0.03	+0.06	
Aachen [Stadtwald] (5 J.)	+0.06	+0.15	+0.19	+0.12	+0.10	+0.14	+0.06	+0.08	+0.14	+0.14	+0.13	+0.03	+0.12
Aachen [Observatorium] (8 J.)	+0.07	+0.10	+0.18	+0.18	+0.14	+0.15	+0.15	+0.16	+0.21	+0.11	+0.09	+0.06	+0.13
Straßburg [Universität] (13 J.)	+0.07	+0.12	+0.18	+0.25	+0.12	+0.14	+0.17	+0.27	+0.25	+0.15	+0.11	+0.07	+0.17
Straßburg [Münsterspitze] (13 J.)	+0.05	+0.23	+0.40	+0.39	+0.36	+0.34	+0.40	+0.41	+0.36	+0.23	+0.17	+0.09	+0.29
München (33 J.)	+0.14	+0.19	+0.25	+0.21	+0.14	+0.08	+0.13	+0.14	+0.21	+0.19	+0.12	+0.06	+0.16
Prag [Garten] (6 J.)	+0.07	+0.14	+0.21	+0.18	+0.12	—0.04	+0.04	+0.12	+0.26	+0.14	+0.07	+0.03	+0.11
Prag [Turm] (6 J.)	+0.09	+0.18	+0.18	+0.20	+0.17	+0.16	+0.32	+0.28	+0.20	+0.13	+0.06	+0.18	
Chemnitz (13 J.)	0.00	+0.16	+0.24	+0.23	+0.09	+0.02	+0.06	+0.16	+0.25	+0.19	+0.11	—0.01	+0.12
Leipzig (5 J.)	+0.06	+0.14	+0.28	+0.17	+0.09	+0.09	+0.17	+0.24	+0.32	+0.26	+0.12	+0.03	+0.15
Grünberg (4½ J.)	+0.08	+0.11	+0.28	+0.26	+0.18	+0.11	+0.11	+0.23	+0.24	+0.15	+0.13	+0.06	+0.16
Krakau (5 J.)	+0.12	+0.08	+0.16	+0.13	+0.09	+0.11	+0.15	+0.18	+0.22	+0.19	+0.09	+0.03	+0.13
Brocken (12 J.)	+0.02	+0.02	+0.08	+0.05	+0.06	+0.04	+0.09	+0.06	—0.05	—0.01	+0.01	+0.01	+0.04
Schneekoppe (7¼ J.)	+0.03	+0.04	+0.04	+0.08	+0.08	+0.08	+0.07	+0.14	+0.06	+0.05	0.00	+0.06	+0.06
Zugspitze (4 J.)	+0.04	+0.15	+0.07	+0.07	+0.07	+0.03	+0.04	+0.08	+0.07	+0.10	+0.08	+0.07	+0.07

$$\text{Wahres Tagesmittel} - \begin{cases} 1/4\,(8^a + 8^p + \text{Max.} + \text{Min.}) \text{ für Mai bis August} \\ 1/2\,\{1/2\,(8^a + 8^p) + 1/3\,(8^a + 2^p + 8^p)\} \text{ für September bis April.} \end{cases}$$

Stationen	Jan.	Febr.	März	April	Mai	Juni	Juli	Aug.	Sept.	Okt.	Nov.	Dez.	Jahr
Königsberg (16 J.)	+0.04	+0.12	+0.08	−0.14	+0.09	+0.01	+0.04	+0.11	+0.02	+0.16	+0.10	+0.03	+0.06
Wustrow (9 J.)	+0.03	+0.11	+0.07	−0.01	+0.05	+0.01	+0.04	+0.07	+0.08	+0.13	+0.06	−0.01	+0.06
Vamdrup (12 J.)	+0.11	+0.12	+0.15	−0.25	+0.02	−0.06	−0.04	+0.04	+0.14	+0.10	+0.08	+0.03	
Hamburg (31 J.)	+0.04	+0.10	+0.08	−0.12	+0.11	+0.12	+0.10	+0.19	+0.05	+0.18	+0.08	+0.02	+0.08
Bremen (13 J.)	+0.07	+0.10	+0.04	−0.28	+0.12	+0.14	+0.07	+0.14	−0.09	+0.11	+0.13	+0.07	+0.05
Eberswalde [Feldstation] (8 J.)	+0.14	+0.21	+0.17	−0.30	+0.18	+0.02	+0.09	+0.23	0.00	+0.18	+0.17	+0.11	+0.10
Eberswalde [Waldstation] (8 J.)	+0.08	+0.12	+0.23	−0.06	+0.24	+0.10	+0.12	+0.30	+0.19	+0.20	+0.15	+0.08	+0.15
Berlin [Dachstation] (8 J.)	−0.01	+0.04	+0.05	−0.22	+0.18	−0.17	−0.13	+0.20	+0.01	+0.13	−0.04	−0.01	+0.06
Ruhleben bei Spandau (21 J.)	+0.11	+0.12	+0.08	−0.32	+0.10	+0.01	+0.04	+0.13	−0.16	+0.07	+0.12	−0.09	+0.03
Potsdam [Wiese] (16 J.)	+0.09	+0.19	+0.19	−0.17	+0.17	+0.07	+0.15	+0.23	+0.15	+0.29	+0.18	+0.10	+0.14
Potsdam [Turm] (12 J.)	+0.07	+0.12	+0.12	−0.14	+0.14	+0.11	+0.17	+0.19	+0.05	+0.21	+0.14	+0.07	+0.10
Magdeburg (4 J.)	+0.06	+0.04	+0.14	−0.23	+0.11	+0.10	+0.07	+0.20	+0.12	+0.24	+0.17	+0.10	+0.09
Wasserleben (10 J.)	+0.10	+0.13	+0.16	−0.17	+0.10	−0.10	+0.02	+0.03	+0.11	+0.08	+0.05	+0.06	+0.09
Uslar (13 J.)	+0.11	+0.27	+0.16	−0.07	+0.13	+0.08	+0.13	+0.15	+0.21	+0.22	+0.15	+0.09	+0.14
Aachen [Alfonsstraße] (5 J.)	+0.06	+0.16	+0.12	−0.15	0.00	−0.06	−0.04	+0.04	+0.06	+0.21	+0.16	+0.07	+0.05
Aachen [Stadtwald] (5 J.)	+0.08	+0.17	+0.14	−0.17	+0.09	+0.07	+0.06	+0.16	+0.12	+0.19	+0.20	+0.06	+0.10
Aachen [Observatorium] (8 J.)	+0.13	+0.12	+0.12	−0.16	+0.13	+0.13	+0.12	+0.16	+0.01	+0.21	+0.13	+0.11	+0.09
Straßburg [Universität] (13 J.)	+0.07	+0.15	+0.06	−0.23	+0.12	+0.13	+0.15	+0.25	+0.01	+0.12	+0.12	+0.10	+0.09
Straßburg [Münsterspitze] (13 J.)	−0.03	+0.08	+0.12	+0.03	+0.31	+0.26	+0.29	+0.32	+0.08	+0.05	+0.06	+0.02	+0.13
München (33 J.)	+0.24	+0.21	+0.14	−0.34	+0.13	+0.08	+0.11	+0.14	−0.18	+0.13	+0.18	+0.18	+0.08
Prag [Garten] (6 J.)	+0.08	+0.14	+0.10	−0.27	+0.01	−0.08	+0.02	+0.02	0.00	+0.12	+0.07	+0.08	+0.02
Prag [Turm] (6 J.)	+0.06	+0.11	+0.14	−0.16	+0.15	+0.09	+0.16	+0.27	+0.03	+0.08	+0.09	+0.04	+0.09
Chemnitz (13 J.)	+0.12	+0.20	+0.19	−0.18	+0.09	+0.02	+0.05	+0.15	+0.08	+0.25	+0.22	+0.07	+0.10
Leipzig (5 J.)	+0.13	+0.15	+0.05	−0.31	+0.09	+0.02	−0.02	+0.19	−0.04	+0.25	+0.16	+0.10	+0.06
Grünberg (4½ J.)	+0.12	+0.18	+0.20	−0.04	+0.18	+0.08	+0.11	+0.22	+0.10	+0.16	+0.14	+0.10	+0.13
Krakau (5 J.)	+0.14	+0.07	+0.01	−0.30	+0.09	−0.09	+0.12	+0.18	−0.14	+0.11	+0.12	+0.13	+0.05
Brocken (12 J.)	+0.04	+0.03	+0.04	−0.05	+0.04	+0.04	+0.08	+0.06	+0.02	+0.01	+0.05	+0.02	+0.03
Schneekoppe (7¼ J.)	+0.03	+0.03	0.00	+0.04	+0.07	+0.08	+0.06	+0.10	+0.10	+0.09	0.00	+0.05	+0.05
Zugspitze (4 J.)	+0.12	+0.10	+0.05	+0.03	+0.05	+0.02	+0.04	+0.05	+0.03	+0.09	+0.10	+0.09	+0.06

zeit, herrschenden großen Temperaturänderung um 8^u eine nicht ganz genaue Einhaltung des Termines das Mittel stark beeinflußt.

Die Korrektionen der Kombination $1/3\,(6^a + 2^p + 10^p)$, die den Vorzug hat, äquidistante Zeiträume zwischen den Beobachtungen zu besitzen, zeigen einen stark ausgesprochenen jährlichen Verlauf. Sie sind, wenn wir von den Gipfelstationen und der höchsten Turmstation Straßburg (Münsterspitze) absehen, bei allen Stationen in den Monaten April bis September positiv, im Durchschnitt zwischen 0.10^0 und 0.40^0 schwankend, mit um die Hälfte geringerem Betrage dagegen negativ vom November bis Februar. Der Ausgleich, der dadurch geschaffen wird, bewirkt, daß die Kombination im Jahresmittel sich dem wahren Mittel sehr nähert, aber bei der Größenverschiedenheit der positiven und negativen Monatsmittel stets etwas zu tiefe Werte liefert. An den Gipfelstationen sind die aus der Kombination sich ergebenden Korrektionen sowohl in allen Monaten, als im Jahr gering und ziemlich konstant. Der Nachteil der Kombination besteht einmal darin, daß ihre Korrektionen an den Stationen der Niederung im Monatsmittel recht bedeutende Werte erreichen können und sodann in den für die Beobachter ungünstigen Terminen der Morgen- und Abendablesungen.

Weit bequemer liegen den meisten Beobachtern natürlich die Termine 8^a, 2^p, 8^p. Da diese Kombination als einfaches arithmetisches Mittel aber nur die Temperatur am Tage wiedergibt und infolgedessen namentlich im Sommer viel zu hohe Werte liefert, hat man vielfach durch Einbeziehung der Angaben der Extremthermometer jenem Mangel abzuhelfen versucht. Aber ganz abgesehen davon, daß sodann die Ablesungen verschiedenartiger Instrumente zu Grunde liegen, stehen noch mancherlei andere Bedenken der Anwendung der Maximum- und Minimumthermometer entgegen. Ihre Angaben sind oft wenig verläßlich, da die Instrumente leicht in Unordnung geraten; auch ist das Maximumthermometer in den seltensten Fällen vollkommen einwandfrei aufgestellt, d. h. dem Einfluß der Sonnenstrahlung gänzlich entzogen, und schließlich bildet noch der Ablesungstermin des Minimumthermometers einen sehr wichtigen Faktor für den Betrag und die Sicherheit der Korrektionen. Zur Bildung der Korrektionen der hier mitgeteilten Kombinationen mit obigen Terminbeobachtungen wurden die mittleren Extreme aus der Kurve des täglichen Ganges der Temperatur entnommen, so daß die ermittelten Korrektionen nur eine bedingte Geltung haben und in praxi etwas anders ausfallen werden.

Die aus der Kombination $1/4\,(8^a + 2^p + 8^p + \text{Min.})$ berechneten Mittel sind insgesamt erheblich zu niedrig. Ihre größten Abweichungen erreichen sie im Frühjahr und Herbst, wo sie meist um mehr als 0.2^0 unter das wahre Mittel heruntergehen. Im Jahresmittel schwanken die Korrektionen zwischen 0.1^0 und 0.2^0. An den Gipfelstationen sind die Differenzen entsprechend der geringen Größe der periodischen Amplitude kleiner und überschreiten nur ganz vereinzelt 0.1^0 im Monatsmittel. Die Kombination, die auf dem Internationalen Meteorologenkongreß in Wien im Jahre 1873 zur Bildung der Temperaturmittel vorgeschlagen wurde, hat Bayern bis zur Einführung der Beobachtungstermine 7^a, 2^p, 9^p im Jahre 1901 angewandt, die Deutsche Seewarte war dagegen schon frühzeitig zu den Formeln $1/4\,(8^a + 8^p + \text{Max.} + \text{Min.})$ und $1/2\,\{1/2\,(8^a + 8^p) + 1/3\,(8^a + 2^p + 8^p)\}$ übergegangen. Diese Kombinationen liefern durchweg etwas zu tiefe Jahresmittel, und auch im Monatsmittel überwiegen die positiven Korrektionen mit Ausnahme des April, in dessen bedeutenden negativen Reduktionsgrößen der plötzliche Übergang aus der einen Kombination in die andere besonders störend zur Geltung kommt; der September hat zwar im Vergleich zu den Nachbarmonaten an den meisten Stationen ebenfalls sehr niedrige Werte, doch sind sie mit wenigen Ausnahmen positiv. Die in den beiden Übergangsmonaten der Winterkombination auftretenden Abweichungen finden ihre Erklärung in dem entgegengesetzten Verhalten der Korrektionen der Kombination $1/2\,\{1/2\,(8^a + 8^p) + 1/3\,(8^a + 2^p + 8^p)\}$ während der kälteren und wärmeren Jahreszeit; in der ersteren sind sie positiv, in der letzteren negativ. Ihre Werte schwanken in den hier in Betracht kommenden Monaten September bis April zwischen $+0.29^0$ in Potsdam (Wiese) im Oktober und -0.34^0 in München im April. Für die Gipfelstationen sind die Korrektionen wieder klein und überschreiten nicht 0.1^0.

Tagesmittel und Abweichungen der Stundenmittel vom Tagesmittel

Königsberg in Preußen. (S. 8.)
1890—1905.

$\varphi = 54^0 43' N \quad \lambda = 20^0 30' E \quad H = 3\,m \quad h_t = 1.5\,m, \text{ seit } 1901 = 2.0\,m$

	Januar	Februar	März	April	Mai	Juni	Juli	August	Sept.	Okt.	Nov.	Dez.	Jahr
Tages-mittel	—3.08	—2.10	1.30	5.88	11.87	15.52	**17.64**	16.90	12.86	7.74	2.57	—1.34	7.15
1ª	—0.40	—0.67	—1.26	—2.11	—3.11	—3.36	—3.17	—2.78	—2.19	—1.24	—0.49	—0.23	—1.75
2	—0.43	—0.81	—1.38	—2.33	—3.41	—3.63	—3.47	—3.02	—2.40	—1.43	—0.56	—0.26	—1.93
3	—0.47	—0.89	—1.51	—2.55	—3.68	—3.89	—3.71	—3.30	—2.62	—1.59	—0.63	—0.28	—2.10
4	—0.52	—0.97	—1.62	—2.74	**—3.94**	**—4.05**	—3.92	—3.56	—2.80	—1.70	—0.66	—0.32	—2.23
5	—0.54	—1.03	—1.70	**—2.87**	—3.87	—3.71	—3.72	**—3.63**	—2.96	—1.81	—0.71	—0.38	**—2.25**
6	**—0.60**	**—1.10**	**—1.77**	—2.70	—3.06	—2.60	—2.85	—3.19	**—2.98**	**—1.89**	**—0.77**	**—0.42**	—2.00
7	—0.56	—1.09	—1.63	—1.83	—1.43	—0.93	—1.16	—1.88	—2.42	—1.79	—0.73	—0.36	—1.32
8	—0.58	—0.98	—1.14	—0.80	—0.22	+0.34	+0.06	—0.32	—1.09	—1.24	—0.67	—0.38	—0.59
9	—0.45	—0.53	—0.30	+0.36	+1.19	+1.56	+1.40	+1.11	+0.63	—0.04	—0.27	—0.30	+0.36
10	—0.12	+0.09	+0.33	+1.14	+2.08	+2.35	+2.18	+2.07	+1.75	+0.93	+0.23	—0.05	+1.09
11	+0.31	+0.73	+1.16	+2.07	+2.84	+3.05	+2.89	+2.82	+2.69	+1.74	+0.73	+0.29	+1.77
12	+0.65	+1.16	+1.69	+2.59	+3.35	+3.42	+3.25	+3.21	+3.13	+2.29	+1.12	+0.56	+2.20
1ᵖ	+1.00	+1.55	+2.19	+3.05	+3.82	+3.77	+3.65	+3.62	+3.65	+2.68	+1.38	+0.74	+2.59
2	**+1.10**	**+1.74**	**+2.50**	**+3.33**	**+4.09**	**+3.96**	**+3.96**	**+3.91**	**+3.84**	**+2.72**	**+1.40**	**+0.81**	**+2.78**
3	+0.92	+1.55	+2.36	+3.15	+3.93	+3.82	+3.78	+3.86	+3.62	+2.46	+1.17	+0.62	+2.60
4	+0.61	+1.28	+2.08	+2.86	+3.48	+3.38	+3.43	+3.51	+3.19	+1.96	+0.74	+0.40	+2.24
5	+0.39	+0.84	+1.60	+2.37	+2.89	+2.79	+2.93	+3.00	+2.43	+1.20	+0.38	+0.25	+1.75
6	+0.25	+0.42	+0.90	+1.57	+2.08	+2.00	+2.14	+2.07	+1.16	+0.55	+0.13	+0.12	+1.11
7	+0.14	+0.16	+0.30	+0.57	+0.84	+0.80	+0.96	+0.70	+0.13	+0.09	—0.01	+0.06	+0.39
8	+0.04	—0.01	—0.06	—0.18	—0.22	—0.47	—0.51	—0.41	—0.50	—0.25	—0.13	—0.01	—0.19
9	—0.02	—0.14	—0.33	—0.75	—1.19	—1.37	—1.28	—1.26	—1.06	—0.54	—0.21	—0.09	—0.69
10	—0.13	—0.32	—0.57	—1.14	—1.74	—2.02	—1.91	—1.77	—1.43	—0.82	—0.36	—0.20	—1.04
11	—0.23	—0.44	—0.77	—1.46	—2.18	—2.57	—2.42	—2.20	—1.74	—1.05	—0.45	—0.27	—1.32
12	—0.25	—0.56	—0.96	—1.69	—2.61	—2.97	—2.79	—2.54	—2.00	—1.26	—0.56	—0.33	—1.55

Wustrow in Mecklenburg. (S. 8.)
1895—1903.

$\varphi = 54^0 21' N \quad \lambda = 12^0 25' E \quad H = 5\,m \quad h_t = 2.0\,m$

	Januar	Februar	März	April	Mai	Juni	Juli	August	Sept.	Okt.	Nov.	Dez.	Jahr
Tages-mittel	0.08	**—0.25**	2.41	5.84	10.39	14.98	**16.73**	16.21	13.42	8.85	4.60	1.05	7.86
1ª	—0.25	—0.35	—0.68	—1.25	—1.77	—1.87	—1.37	—1.34	—1.06	—0.63	—0.28	—0.20	—0.92
2	—0.31	—0.42	—0.81	—1.41	—1.95	—2.12	—1.81	—1.53	—1.23	—0.73	—0.38	—0.25	—1.06
3	—0.31	—0.54	0.93	—1.52	—2.10	—2.30	—1.81	—1.68	—1.38	—0.80	—0.45	—0.27	—1.18
4	—0.33	—0.62	—1.02	—1.65	**—2.28**	**—2.46**	—1.94	—1.79	—1.52	—0.90	—0.46	—0.33	—1.28
5	**—0.37**	—0.66	—1.09	**—1.78**	—2.26	—2.35	**—1.96**	**—1.92**	—1.66	—0.95	—0.50	—0.32	**—1.32**
6	—0.36	—0.75	**—1.13**	—1.67	—1.86	—1.87	—1.68	**—1.71**	—0.99	—0.58	—0.34	—1.23
7	—0.35	**—0.84**	—1.12	—1.30	—1.23	—1.16	—1.15	—1.43	—1.53	**—1.02**	—0.59	**—0.84**	—1.01
8	—0.36	—0.80	—0.98	—0.73	—0.47	—0.20	—0.51	—0.84	—1.03	—0.91	**—0.60**	—0.33	—0.64
9	—0.32	—0.67	—0.60	—0.10	+0.13	+0.31	+0.03	—0.11	—0.48	—0.58	—0.48	—0.27	—0.26
10	—0.14	—0.38	—0.10	+0.47	+0.66	+0.82	+0.51	+0.45	+0.20	—0.20	—0.14	+0.17
11	+0.05	+0.09	+0.41	+0.99	+1.10	+1.21	+0.96	+0.97	+0.82	+0.50	+0.22	+0.06	+0.61
12	+0.31	+0.49	+0.84	+1.46	+1.46	+1.60	+1.38	+1.58	+1.36	+1.01	+0.64	+0.31	+1.04
1ᵖ	+0.56	+0.80	+1.20	+1.75	+1.85	+1.88	+1.74	+1.82	+1.83	+1.41	+0.93	+0.50	+1.36
2	**+0.70**	+1.11	+1.52	**+2.06**	+2.17	+2.24	**+1.97**	+2.16	+2.15	+1.67	**+1.13**	**+0.64**	+1.63
3	+0.70	**+1.13**	**+1.62**	+2.04	**+2.34**	+2.27	+1.97	**+2.18**	**+2.22**	+1.65	+1.04	+0.57	**+1.64**
4	+0.58	+1.04	+1.47	+1.94	+2.24	+2.20	+1.89	+2.02	+2.08	+1.41	+0.79	+0.43	+1.51
5	+0.38	+0.81	+1.19	+1.71	+2.02	+2.04	+1.64	+1.72	+1.72	+1.08	+0.48	+0.31	+1.26
6	+0.24	+0.52	+0.82	+1.30	+1.80	+1.83	+1.42	+1.43	+1.18	+0.65	+0.28	+0.21	+0.97
7	+0.13	+0.36	+0.37	+0.64	+1.32	+1.28	+0.76	+0.84	+0.58	+0.30	+0.12	+0.14	+0.60
8	+0.01	+0.11	+0.08	—0.06	+0.26	+0.46	+0.32	+0.11	—0.01	—0.08	—0.01	+0.09	+0.11
9	—0.03	+0.02	—0.09	—0.39	—0.31	—0.12	—0.20	—0.31	—0.25	—0.27	—0.14	+0.02	—0.18
10	—0.10	—0.04	—0.22	—0.67	—0.73	—0.81	—0.61	—0.63	—0.53	—0.43	—0.15	—0.04	—0.42
11	—0.17	—0.13	—0.35	—0.85	—1.03	—1.20	—0.91	—0.92	—0.77	—0.55	—0.27	—0.12	—0.61
12	—0.25	—0.21	—0.47	—0.96	—1.30	—1.50	—1.13	—1.17	—0.96	—0.68	—0.35	—0.22	—0.77

Vamdrup in Jütland. (S. 9.)
1875—1886.

$\varphi = 55°25'N \quad \lambda = 9°18'E \quad\quad\quad H = 40\,m \quad h_t = 1.3\,m$

	Januar	Februar	März	April	Mai	Juni	Juli	August	Sept.	Okt.	Nov.	Dez.	Jahr
Tagesmittel	**−0.07**	0.53	1.37	5.58	9.92	14.12	**15.79**	15.61	12.70	7.94	3.40	0.56	7.29
1a	−0.26	−0.37	−1.16	−2.27	−3.18	−3.48	−3.01	−2.58	−1.98	−0.93	−0.51	−0.31	−1.67
2	−0.30	−0.46	−1.31	−2.61	−3.58	−3.85	−3.36	−2.84	−2.18	−1.05	−0.60	−0.38	−1.88
3	−0.33	−0.57	−1.45	−2.83	−3.86	**−4.03**	**−3.53**	−3.04	−2.37	−1.17	−0.72	−0.38	−2.03
4	−0.41	−0.60	−1.54	−2.94	**−3.94**	−3.94	−3.51	**−3.17**	−2.54	−1.26	−0.79	−0.35	**−2.09**
5	−0.45	−0.67	−1.58	**−2.95**	−3.66	−3.52	−3.25	−3.11	**−2.55**	−1.28	−0.83	−0.34	−2.02
6	−0.50	**−0.71**	**−1.61**	−2.60	−2.62	−2.47	−2.24	−2.35	−2.34	**−1.34**	**−0.86**	−0.38	−1.67
7	**−0.51**	**−0.71**	−1.53	−1.70	−1.36	−1.05	−0.97	−1.38	−1.86	−1.23	−0.83	**−0.42**	−1.13
8	**−0.51**	−0.62	−1.02	−0.66	−0.12	+0.07	+0.06	−0.24	−0.75	−0.77	−0.62	−0.41	−0.47
9	−0.40	−0.39	−0.27	+0.47	+1.04	+1.10	+0.94	+0.85	+0.65	+0.05	−0.25	−0.23	+0.29
10	−0.09	−0.02	+0.55	+1.36	+2.01	+2.03	+1.79	+1.75	+1.66	+0.80	+0.19	+0.04	+1.00
11	+0.35	+0.43	+1.28	+2.23	+2.78	+2.76	+2.51	+2.54	+2.36	+1.43	+0.70	+0.37	+1.64
12	+0.74	+0.85	+1.87	+2.90	+3.40	+3.43	+3.09	+3.06	+2.83	+1.89	+1.17	+0.73	+2.16
1p	+0.96	+1.13	+2.22	+3.24	+3.83	+3.84	+3.53	+3.40	+3.16	+2.07	**+1.35**	**+0.91**	+2.47
2	**+0.99**	**+1.24**	**+2.30**	**+3.29**	**+3.91**	+3.83	**+3.58**	**+3.47**	**+3.18**	+1.96	+1.33	+0.86	**+2.49**
3	+0.79	+1.15	+2.19	+3.10	+3.66	+3.57	+3.34	+3.22	+2.91	+1.71	+1.08	+0.66	+2.28
4	+0.56	+0.92	+1.96	+2.87	+3.27	+3.19	−2.98	+2.83	+2.48	+1.34	+0.83	+0.41	+1.97
5	+0.30	+0.63	+1.57	+2.46	+2.78	+2.77	+2.50	+2.36	+1.96	+0.88	+0.54	+0.18	+1.57
6	+0.04	+0.21	+0.90	+1.87	+2.09	+2.04	−1.82	+1.70	+1.24	+0.36	+0.23	+0.02	+1.04
7	−0.08	−0.07	+0.13	+0.96	+1.21	+1.23	+1.02	+0.69	+0.37	−0.11	−0.01	−0.09	+0.43
8	−0.15	−0.17	−0.25	−0.05	+0.08	+0.33	+0.06	−0.20	−0.41	−0.35	−0.14	−0.12	−0.12
9	−0.18	−0.22	−0.57	−0.90	−0.92	−0.64	−0.82	−0.97	−0.93	−0.55	−0.21	−0.14	−0.59
10	−0.20	−0.26	−0.74	−1.41	−1.71	−1.64	−1.61	−1.57	−1.35	−0.70	−0.29	−0.18	−0.97
11	−0.22	−0.30	−0.89	−1.78	−2.36	−2.52	−2.26	−2.04	−1.61	−0.79	−0.37	−0.20	−1.28
12	−0.24	−0.33	−1.03	−2.05	−2.85	−3.08	−2.74	−2.37	−1.83	−0.86	−0.43	−0.25	−1.51

Hamburg (Deutsche Seewarte). (S. 9.)
1878—1908.

$\varphi = 53°33'N \quad \lambda = 9°58'E \quad\quad H = 20\,m,\ \text{seit August } 1881 = 26\,m \quad h_t = 6.5\,m,\ \text{seit August } 1881 = 2.9\,m$

	Januar	Februar	März	April	Mai	Juni	Juli	August	Sept.	Okt.	Nov.	Dez.	Jahr
Tagesmittel	**−0.27**	0.96	3.24	7.34	12.17	15.69	**16.94**	16.38	13.73	8.89	4.28	1.06	8.37
1a	−0.42	−0.55	−1.19	−1.93	−2.58	−2.47	−2.08	−1.90	−1.57	−0.95	−0.56	−0.31	−1.38
2	−0.48	−0.65	−1.34	−2.23	−2.94	−2.82	−2.41	−2.18	−1.84	−1.12	−0.69	−0.38	−1.59
3	−0.53	−0.77	−1.53	−2.53	−3.23	−3.13	−2.67	−2.44	−2.11	−1.31	−0.78	−0.42	−1.79
4	−0.56	−0.87	−1.67	−2.76	**−3.49**	**−3.41**	−2.91	−2.69	−2.35	−1.43	−0.86	−0.45	−1.96
5	−0.60	−0.98	−1.80	−2.94	−3.44	−3.32	**−2.92**	**−2.83**	−2.54	−1.54	−0.93	−0.50	**−2.03**
6	−0.61	−1.03	**−1.91**	−2.85	−2.86	−2.75	−2.56	−2.70	**−2.64**	−1.63	−0.97	**−0.51**	−1.92
7	−0.61	**−1.07**	−1.76	−2.33	−1.85	−1.77	−1.76	−2.14	−2.37	**−1.63**	**−0.98**	−0.48	−1.57
8	**−0.63**	−1.02	−1.44	−1.41	−0.73	−0.68	−0.78	−1.20	−1.63	−1.33	−0.93	−0.45	−1.02
9	−0.54	−0.75	−0.75	−0.26	+0.44	+0.40	+0.22	+0.01	−0.58	−0.70	−0.65	−0.35	−0.29
10	−0.16	−0.52	+0.02	+0.72	+1.41	+1.30	+1.09	+0.93	+0.53	+0.14	−0.16	−0.15	+0.42
11	+0.09	+0.21	+0.80	+1.55	+2.11	+2.01	+1.77	+1.66	+1.44	+0.90	+0.38	+0.17	+1.09
12	+0.47	+0.73	+1.42	+2.20	+2.66	+2.47	+2.22	+2.16	+2.10	+1.51	+0.85	+0.50	+1.61
1p	+0.77	+1.13	+1.96	+2.65	+3.04	+2.83	+2.57	+2.56	+2.60	+1.91	+1.23	+0.73	+2.00
2	+0.97	+1.42	+2.20	+2.95	+3.28	+3.01	+2.76	+2.71	+2.76	**+2.13**	**+1.43**	**+0.83**	+2.20
3	**+1.00**	**+1.54**	**+2.27**	**+3.03**	**+3.32**	+3.00	**+2.78**	**+2.82**	**+2.85**	+2.11	+1.41	+0.78	**+2.24**
4	+0.86	+1.42	+2.17	+2.93	+3.12	+2.91	+2.62	+2.75	+2.73	+1.90	+1.19	+0.67	+2.10
5	+0.69	+1.13	+1.89	+2.56	+2.73	+2.64	+2.21	+2.44	+2.33	+1.50	+0.89	+0.45	+1.79
6	+0.45	+0.78	+1.40	+2.05	+2.15	+2.21	+1.95	+1.95	+1.71	+0.97	+0.60	+0.30	+0.86
7	+0.28	+0.47	+0.81	+1.28	+1.39	+1.53	+1.33	+1.22	+1.01	+0.52	+0.36	+0.18	+0.34
8	+0.15	+0.23	+0.36	+0.53	+0.48	+0.65	+0.55	+0.44	+0.40	+0.05	+0.15	+0.07	−0.11
9	+0.02	+0.03	−0.02	−0.09	−0.32	−0.22	−0.17	−0.11	−0.14	−0.01	−0.04	−0.11	−0.49
10	−0.08	−0.14	−0.35	−0.62	−0.96	−0.91	−0.76	−0.73	−0.56	−0.41	−0.18	−0.14	−0.82
11	0.19	−0.33	−0.64	−1.09	−1.56	−1.49	−1.25	−1.17	−0.95	−0.64	−0.33	−0.21	−1.12
12	−0.27	−0.46	−0.91	−1.52	−2.06	−2.00	−1.69	−1.57	−1.30	−0.85	−0.46	−0.30	

Tagesmittel und Abweichungen der Stundenmittel vom Tagesmittel

Bremen (Observatorium). (S. 9, 10.)
1896—1908.

$\varphi = 53°\,5'\,N \qquad \lambda = 8°\,48'\,E \qquad H = 7\,m \qquad h_t = 2{,}0\,m$

	Januar	Februar	März	April	Mai	Juni	Juli	August	Sept.	Okt.	Nov.	Dez.	Jahr
Tages-mittel	**1.81**	1.76	4.14	7.30	12.10	16.04	**17.15**	16.50	13.72	9.39	4.80	1.79	8.83
1ᵃ	−0.47	−0.84	−1.41	−2.24	−2.99	−3.05	−2.85	−2.56	−2.10	−1.33	−0.73	−0.33	−1.74
2	−0.55	−0.90	−1.64	−2.63	−3.35	−3.47	−3.23	−2.88	−2.41	−1.58	−0.91	−0.40	−1.99
3	−0.62	−0.97	−1.85	−2.92	−3.65	−3.90	−3.56	−3.17	−2.68	−1.79	−1.05	−0.48	−2.22
4	−0.68	−1.03	−2.03	−3.13	**−3.93**	**−4.16**	**−3.75**	−3.39	−2.90	−1.96	−1.13	−0.52	−2.38
5	−0.72	−1.13	−2.14	**−3.26**	−3.82	−3.88	−3.61	**−3.48**	−3.09	−2.06	−1.19	−0.59	**−2.41**
6	−0.72	−1.14	**−2.19**	−2.97	−2.96	−2.84	−2.78	−3.03	**−3.17**	**−2.20**	−1.22	−0.61	−2.15
7	−0.73	**−1.17**	−2.00	−2.12	−1.72	−1.58	−1.61	−2.00	−2.60	−2.13	**−1.25**	−0.61	−1.62
8	**−0.76**	−1.08	−1.42	−1.00	−0.41	−0.31	−0.29	−0.69	−1.37	−1.57	−1.15	**−0.62**	−0.89
9	−0.60	−0.70	−0.53	+0.19	+0.67	+0.82	+0.83	+0.56	+0.01	−0.58	−0.68	−0.48	−0.04
10	−0.17	−0.11	+0.46	+1.16	+1.68	+1.81	+1.67	+1.56	+1.27	+0.53	−0.02	−0.15	+0.81
11	+0.34	+0.56	+1.29	+2.01	+2.42	+2.51	+2.38	+2.31	+2.27	+1.64	+0.86	+0.40	+1.59
12	+0.77	+1.18	+1.84	+2.38	+3.03	+3.00	+2.97	+2.92	+2.82	+2.18	+1.39	+0.74	+2.11
1ᵇ	+1.04	+1.49	+2.18	+2.88	+3.32	+3.22	+3.19	+3.16	+3.16	+2.52	+1.77	+0.94	+2.41
2	**+1.16**	+1.70	+2.42	+3.09	**+3.39**	+3.31	**+3.24**	+3.40	**+3.40**	**+2.76**	**+1.88**	+1.03	**+2.55**
3	+1.10	**+1.74**	**+2.45**	**+3.14**	+3.38	**+3.33**	+3.14	**+3.29**	+3.34	+2.64	+1.75	+0.94	+2.52
4	+0.94	+1.55	+2.32	+3.00	+3.19	+3.24	+3.01	+3.12	+3.11	+2.30	+1.36	+0.69	+2.31
5	+0.66	+1.17	+2.03	+2.68	+2.90	+3.07	+2.77	+2.76	+2.67	+1.70	+0.96	+0.48	+1.99
6	+0.39	+0.73	+1.44	+2.08	+2.49	+2.55	+2.40	+2.18	+1.85	+1.05	+0.61	+0.30	+1.51
7	+0.25	+0.38	+0.85	+1.22	+1.49	+1.66	+1.52	+1.26	+0.94	+0.54	+0.32	+0.14	+0.88
8	+0.14	+0.15	+0.45	+0.49	+0.58	+0.70	+0.53	+0.23	+0.15	+0.09	+0.03	+0.30	
8	+0.14	+0.15	+0.45	+0.49	+0.58	+0.70	+0.53	+0.23	+0.15	+0.09	+0.03	+0.30	+0.30
9	+0.04	−0.05	−0.01	−0.19	−0.29	−0.34	−0.37	−0.46	−0.34	−0.17	−0.07	−0.05	−0.19
10	−0.14	−0.29	−0.44	−0.82	−1.12	−1.23	−1.28	−1.17	−0.99	−0.52	−0.32	−0.22	−0.71
11	−0.27	−0.50	−0.79	−1.32	−1.78	−1.93	−1.84	−1.73	−1.46	−0.91	−0.53	−0.32	−1.11
12	−0.38	−0.66	−1.10	−1.75	−2.33	−2.51	−2.39	−2.17	−1.89	−1.23	−0.69	−0.40	−1.45

Eberswalde (Feldstation). (S. 10.)
1. Mai 1889—30. April 1897.

$\varphi = 52°\,50'\,N \qquad \lambda = 13°\,49'\,E \qquad H = 42\,m \qquad h_t = 1{,}3\,m$

	Januar	Februar	März	April	Mai	Juni	Juli	August	Sept.	Okt.	Nov.	Dez.	Jahr
Tages-mittel	**−3.45**	−0.59	3.63	7.56	13.51	16.48	**17.85**	17.00	13.28	8.70	2.59	−1.11	7.95
1ᵃ	−0.67	−1.22	−2.00	−3.53	−4.52	−4.69	−4.29	−3.61	−3.20	−1.64	−0.95	−0.41	−2.56
2	−0.80	−1.25	−2.26	−4.00	−5.01	−5.29	−4.70	−3.90	−3.45	−1.76	−0.91	−0.30	−2.80
3	−0.84	−1.34	−2.48	−4.32	−5.40	−5.62	−5.02	−4.30	−3.69	−1.93	−1.01	−0.41	−3.02
4	−0.93	−1.43	−2.69	−4.64	**−5.75**	**−5.89**	**−5.36**	−4.49	−3.95	−2.08	−1.09	−0.55	**−3.23**
5	−1.01	−1.50	−2.89	**−4.86**	−5.31	−5.28	−4.64	**−4.62**	**−4.14**	−2.23	−1.12	−0.58	−3.21
6	−1.06	−1.54	**−3.02**	−4.49	−3.83	−3.42	−3.58	−3.97	−4.07	**−2.36**	−1.15	−0.59	−2.75
7	**−1.07**	**−1.62**	−2.75	−2.65	−1.93	−1.51	−1.73	−2.25	−2.93	−2.23	**−1.17**	−0.66	−1.87
8	−0.99	−1.36	−1.69	−0.92	−0.06	+0.48	+0.20	−0.43	−1.19	−1.41	−1.05	**−0.69**	−0.75
9	−0.65	−0.54	−0.08	+0.92	+1.51	+1.90	+1.72	+1.19	+0.82	−0.02	−0.48	−0.48	+0.47
10	−0.06	+0.35	+0.99	+2.53	+3.03	+3.34	+3.08	+2.73	+2.67	+1.15	+0.41	−0.01	+1.69
11	+0.66	+1.11	+2.05	+3.44	+4.01	+4.15	+3.88	+3.68	+3.82	+2.01	+1.14	+0.55	+2.55
12	+1.40	+2.06	+3.00	+4.29	+4.74	+4.70	+4.50	+4.42	+4.72	+2.87	+1.92	+1.06	+3.31
1ᵇ	+1.78	+2.57	+3.70	+4.80	+5.12	+5.02	+4.87	+4.79	+5.11	+3.41	+2.29	+1.31	+3.73
2	**+1.90**	**+2.71**	+3.89	**+5.01**	**+5.26**	**+5.18**	**+4.91**	**+5.20**	**+3.52**	**+2.36**	**+1.38**	**+3.67**	
2	+1.90	+2.71	+3.89	+5.01	+5.26	+5.18	+4.91	+5.20	+3.52	+2.36	+1.38	+3.67	
3	+1.74	+2.61	+3.82	+4.93	+5.25	+5.09	+4.92	+4.89	+5.03	+3.30	+1.94	+1.12	+3.72
4	+1.20	+2.20	+3.44	+4.57	+4.94	+4.52	+4.58	+4.54	+4.47	+2.52	+1.20	+0.52	+3.23
5	+0.64	+1.21	+2.41	+3.75	+4.20	+3.84	+3.89	+3.67	+3.04	+1.38	+0.63	+0.19	+2.41
6	+0.25	+0.51	+1.53	+2.88	+3.30	+3.11	+3.00	+2.53	+1.53	+0.38	+0.21	+0.04	+1.61
7	+0.05	+0.10	+0.57	+1.52	+1.88	+1.77	+1.55	+0.98	+0.22	−0.11	−0.08	−0.06	+0.70
8	−0.10	−0.22	−0.10	−0.36	−0.16	+0.15	−0.22	−0.78	−0.89	−0.42	−0.30	−0.11	−0.31
9	−0.21	−0.51	−0.79	−1.40	−1.50	−1.38	−1.51	−1.68	−1.59	−0.71	−0.48	−0.21	−0.99
10	−0.34	−0.75	−1.18	−1.99	−2.49	−2.67	−2.30	−2.06	−1.00	−0.61	−0.30	−1.52	
10	−0.34	−0.75	−1.18	−1.99	−2.49	−2.67	−2.30	−2.06	−1.00	−0.61	−0.30	−1.52	−1.52
11	−0.44	−1.00	−1.46	−2.54	−3.30	−3.44	−3.30	−2.79	−2.50	−1.23	−0.79	−0.40	−1.93
12	−0.55	−1.13	−1.71	−3.03	−3.95	−4.08	−3.81	−3.25	−2.92	−1.48	−0.93	−0.43	−2.27

Eberswalde (Waldstation). (S. 10.)
1. Mai 1889—30. April 1897.

$\varphi = 52° 50' N \quad \vartheta = 13° 49' E \quad\quad\quad H = 42 m \quad h_t = 1.3 m$

	Januar	Februar	März	April	Mai	Juni	Juli	August	Sept.	Okt.	Nov.	Dez.	Jahr
Tages-mittel	−3.52	−0.80	3.36	7.32	13.14	16.00	17.29	16.50	12.97	8.46	2.56	−1.16	7.68
1a	−0.46	−0.89	−1.49	−2.74	−3.54	−3.41	−3.07	−2.56	−2.26	−1.14	−0.67	−0.30	−1.88
2	−0.57	−0.97	−1.80	−3.21	−4.02	−3.95	−3.48	−2.85	−2.50	−1.24	−0.65	−0.32	−2.13
3	−0.64	−1.07	−2.01	−3.51	−4.43	−4.37	−3.82	−3.17	−2.68	−1.42	−0.73	−0.35	−2.35
4	−0.73	−1.14	−2.20	−3.82	−4.77	−4.68	−4.13	−3.44	−3.00	−1.58	−0.84	−0.41	−2.56
5	−0.79	−1.21	−2.38	−4.04	−4.87	−4.51	−4.11	−3.63	−3.20	−1.72	−0.88	−0.44	−2.65
6	−0.86	−1.26	−2.55	−3.99	−4.13	−3.72	−3.52	−3.48	−3.21	−1.85	−0.94	−0.45	−2.50
7	−0.88	−1.31	−2.49	−3.01	−2.49	−2.20	−2.16	−2.42	−2.80	−1.86	−1.02	−0.54	−1.77
8	−0.55	−1.28	−1.91	−1.67	−0.92	−0.51	−0.73	−1.25	−1.86	−1.47	−0.95	0.61	−1.17
9	−0.73	−0.88	−0.84	−0.07	+0.55	+0.81	+0.58	−0.01	−0.35	−0.55	−0 59	−0.47	−0.22
10	−0.33	−0.15	+0.26	+1.45	+2.07	+2.17	+1.86	+1.46	+1.21	+0.38	±0.00	−0.18	+0.85
11	+0.21	+0.68	+1.35	+2.72	+3.56	+3.02	+2.82	+2.94	+2.56	+1.17	+0.67	+0.20	+1.82
12	+0.80	+1.38	+2.38	+3.85	+4.25	+3.71	+3.49	+3.54	+3.66	+2.01	+1.28	+0.65	+2.58
1p	+1.21	+1.80	+2.96	+4.22	+4.39	+4.12	+3.89	+3.72	+4.05	+2.57	+1.64	+0.93	+2.96
2	+1.40	+2.10	+3.21	+4.30	+4.53	+4.33	+4.06	+3.87	+4.07	+2.68	+1.75	+1.01	+3.11
3	+1.38	+2.13	+3.23	+4.28	+4.64	+4.34	+4.10	+3.90	+3.91	+2.56	+1.55	+0.84	+3.07
4	+1.05	+1.84	+2.98	+4.12	+4.57	+4.08	+3.91	+3.74	+3.48	+2.07	+1.11	+0.56	+2.79
5	+0.73	+1.24	+2.25	+3.55	+3.98	+3.50	+3.31	+3.19	+2.59	+1.27	+0.67	+0.34	+2.22
6	+0.44	+0.69	+1.53	+2.56	+2.93	+2.77	+2.50	+2.08	+1.54	+0.64	+0.33	+0.18	+1.51
7	+0.25	+0.32	+0.77	+1.26	+2.59	+1.61	+1.39	+0.75	+0.61	+0.24	+0.08	+0.08	+0.74
8	+0.11	+0.02	+0.08	+0.09	+0.47	+0.47	+0.28	−0.11	−0.24	−0.07	−0.10	±0.00	−0.06
9	−0.02	−0.23	−0.36	−0.73	−0.88	−0.66	−0.74	−0.82	−0.77	−0.36	−0.14	−0.06	−0.49
10	−0.09	−0.46	−0.73	−1.37	−1.77	−1.67	−1.55	−1.38	−1.22	−0.60	−0.40	−0.15	−0.95
11	−0.20	−0.63	−0.99	−1.86	−2.45	−2.32	−2.13	−1.83	−1.64	−0.81	−0.54	−0.24	−1.31
12	−0.31	−0.78	−1.26	−2.28	−3.02	−2.84	−2.65	−2.21	−1.97	−1.02	−0.65	−0.29	−1.61

Berlin (Dach der Landwirtschaftlichen Hochschule). (S. 11.)
1890—1897.

$\varphi = 52° 31' N \quad \lambda = 13° 22' E \quad\quad\quad H = 35 m \quad h_t = 25.5 m$

	Januar	Februar	März	April	Mai	Juni	Juli	August	Sept.	Okt.	Nov.	Dez.	Jahr
Tages-mittel	−2.17	0.32	4.73	8.58	13.57	16.97	18.41	18.06	14.61	9.57	3.54	0.17	8.86
1a	−0.57	−0.84	−1.41	−2.25	−2.95	−2.85	−2.57	−2.27	−2.03	−1.13	−0.67	−0.35	−1.65
2	−0.68	−1.03	−1.67	−2.66	−3.39	−3.35	−3.01	−2.68	−2.38	−1.42	−0.79	−0.47	−1.96
3	−0.76	−1.14	−1.95	−3.04	−3.80	−3.83	−3.42	−3.06	−2.65	−1.60	−0.90	−0.58	−2.22
4	−0.88	−1.27	−2.23	−3.42	−4.18	−4.18	−3.78	−3.39	−2.91	−1.76	−1.00	−0.64	−2.48
5	−0.94	−1.52	−2.46	−3.72	−4.22	−4.06	−3.73	−3.66	−3.15	−1.90	−1.13	−0.69	−2.60
6	−0.97	−1.45	−2.60	−3.68	−3.58	−3.23	−3.14	−3.44	−3.23	−2.05	−1.18	−0.72	−2.42
7	−0.89	−1.41	−2.42	−2.91	−2.41	−2.07	−2.14	−2.62	−2.80	−2.01	−1.11	−0.66	−1.95
8	−0.78	−1.24	−1.78	−1.68	−1.02	−0.73	−0.86	−1.33	−1.72	−1.57	−0.96	−0.58	−1.18
9	−0.66	−0.82	−0.98	−0.44	+0.27	+0.42	+0.27	−0.06	−0.30	−0.71	−0.67	−0.48	−0.34
10	−0.31	0.34	+0.05	+0.77	+1.42	+1.42	+1.04	+0.72	+0.44	+0.22	−0.14	−0.18	+0.51
11	+0.23	+0.48	+0.95	+1.78	+2.18	+2.15	+1.94	+1.84	+2.00	+1.12	+0.52	+0.22	+1.29
12	+0.75	+1.20	+1.78	+2.56	+2.93	+2.88	+2.69	+2.57	+2.82	+1.88	+1.19	+0.69	+2.00
1p	+1.08	+1.60	+2.38	+3.12	+3.58	+3.22	+3.18	+3.07	+3.24	+2.35	+1.51	+0.95	+2.43
2	+1.29	+1.90	+2.69	+3.42	+3.65	+3.38	+3.27	+3.44	+3.50	+2.59	+1.66	+1.09	+2.66
3	+1.26	+1.96	+2.88	+3.53	+3.74	+3.45	+3.33	+3.61	+3.53	+2.66	+1.60	+1.02	+2.71
4	+1.09	+1.81	+2.74	+3.41	+3.61	+3.35	+3.26	+3.45	+3.26	+2.29	+1.29	+0.79	+2.53
5	+0.87	+1.41	+2.32	+3.20	+3.44	+3.21	+2.98	+3.09	+2.78	+1.75	+0.94	+0.56	+2.22
6	+0.65	+0.95	+1.69	+2.65	+3.01	+2.79	+2.53	+2.53	+1.89	+1.19	+0.65	+0.39	+1.75
7	+0.47	+0.67	+1.08	+1.66	+1.92	+1.80	+1.58	+1.01	+1.01	+0.69	+0.40	+0.24	+1.13
8	+0.29	+0.38	+0.60	+0.84	+0.82	+0.84	+0.74	+0.59	+0.31	+0.24	+0.19	+0.15	+0.50
9	+0.12	+0.05	+0.17	+0.10	−0.08	−0.14	−0.17	−0.30	−0.16	−0.03	+0.01	−0.05	
10	−0.03	−0.25	−0.24	−0.55	−0.93	−0.88	−0.90	−0.74	−0.79	−0.53	−0.26	−0.12	−0.52
11	−0.19	−0.34	−0.66	−1.11	−1.63	−1.60	−1.52	−1.27	−1.38	−0.83	−0.47	−0.24	−0.93
12	−0.34	−0.69	−1.00	−1.62	−2.29	−2.20	−2.11	−1.90	−1.73	−1.12	−0.64	−0.33	−1.33

Tagesmittel und Abweichungen der Stundenmittel vom Tagesmittel

Ruhleben bei Spandau. (S. 11.)
1888—1908
(excl. Dez. 1896, Dez. 1898, Jan. 1899, Jan. 1904, Juni u. Juli 1905, Nov. u. Dez. 1908.)

$\varphi = 52°\,32'\,N \quad \lambda = 13°\,14'\,E \qquad H = 30\,m \quad h_t = 2.0\,m$

	Januar	Februar	März	April	Mai	Juni	Juli	August	Sept.	Okt.	Nov.	Dez.	Jahr
Tagesmittel	**−1.59**	−0.14	3.16	7.27	13.04	16.33	**17.40**	16.73	13.04	8.45	3.40	−0.36	8.06
1ᵃ	−0.62	−1.00	−1.69	−2.81	−3.75	−4.09	−3.58	−3.11	−2.67	−1.58	−0.80	−0.43	−2.18
2	−0.72	−1.12	−1.93	−3.20	−4.19	−4.53	−4.00	−3.47	−2.97	−1.81	−0.97	−0.45	−2.53
3	−0.79	−1.26	−2.20	−3.51	−4.60	−4.93	−4.36	−3.81	−3.24	−1.99	−1.08	−0.55	−2.69
4	−0.91	−1.33	−2.44	−3.77	**−4.92**	**−5.03**	**−4.60**	−4.07	−3.50	−2.13	−1.19	−0.61	**−2.87**
5	−1.01	−1.41	−2.61	**−3.95**	−4.23	−3.61	−3.76	**−4.12**	**−3.68**	−2.25	−1.25	−0.67	−2.71
6	**−1.07**	−1.47	**−2.70**	−3.44	−3.00	−2.44	−2.62	−3.27	−3.62	**−2.37**	−1.29	−0.73	−2.33
7	−1.05	**−1.51**	−2.38	−2.20	−1.48	−0.99	−1.24	−1.81	−2.61	−2.20	**−1.32**	**−0.76**	−1.63
8	−1.02	−1.24	−1.47	−0.81	−0.11	+0.29	+0.03	−0.29	−0.85	−1.29	−1.11	−0.74	−0.72
9	−0.72	−0.60	−0.38	+0.52	+1.11	+1.35	+1.14	+1.03	+0.53	−0.54	−0.51	+0.22	
10	−0.15	+0.14	+0.57	+1.43	+2.07	+2.20	+2.00	+1.94	+1.70	+0.87	+0.23	−0.04	+1.08
11	+0.50	+0.85	+1.43	+2.24	+2.66	+2.89	+2.64	+2.61	+2.65	+1.82	+0.95	+0.50	+1.81
12	+1.06	+1.45	+2.14	+2.92	+3.30	+3.41	+3.16	+3.24	+3.35	+2.59	+1.57	+0.95	+2.43
1ᵖ	+1.49	+1.95	+2.73	+3.44	+3.82	+3.82	+3.66	+3.73	+3.95	+3.15	+2.00	+1.23	+2.84
2	**+1.74**	+2.32	+3.21	+3.92	+4.35	+4.17	+3.98	+4.27	+4.51	**+3.53**	**+2.26**	**+1.32**	+3.30
3	+1.67	**+2.39**	**+3.40**	**+4.12**	**+4.53**	**+4.33**	**+4.15**	**+4.44**	**+4.61**	+3.46	+2.05	+1.16	**+3.36**
4	+1.22	+2.12	+3.17	+3.94	+4.38	+4.23	+4.07	+4.28	+4.31	+2.88	+1.39	+0.72	+3.06
5	+0.66	+1.40	+2.52	+3.43	+3.91	+3.75	+3.60	+3.60	+3.27	+1.62	+0.73	+0.43	+2.41
6	+0.39	+0.71	+1.54	+2.60	+2.97	+2.92	+2.77	+2.55	+1.73	+0.58	+0.39	+0.27	+1.61
7	+0.18	+0.30	+0.61	+1.19	+1.90	+1.95	+1.82	+1.05	+0.28	+0.06	+0.12	+0.12	+0.80
8	+0.05	+0.02	+0.01	+0.01	−0.13	+0.38	+0.23	−0.06	−0.30	−0.08	±0.00	−0.05	
9	−0.08	−0.27	−0.41	−0.76	−1.14	−1.30	−1.19	−1.35	−1.19	−0.64	−0.28	−0.14	−0.73
10	−0.22	−0.48	−0.78	−1.32	−1.92	−2.29	−2.03	−1.89	−1.64	−0.94	−0.48	−0.27	−1.19
11	−0.31	−0.67	−1.06	−1.77	−2.56	−2.95	−2.60	−2.34	−2.04	−1.23	−0.62	−0.37	−1.54
12	−0.38	−0.85	−1.33	−2.24	−3.13	−3.54	−3.13	−2.77	−2.42	−1.48	−0.78	−0.44	−1.87

Potsdam (Observatorium—Wiese). (S. 11, 12.)
1893—1908.

$\varphi = 52°\,23'\,N \quad \lambda = 13°\,4'\,E \qquad H = 80\,m \quad h_t = 2.1\,m$

	Januar	Februar	März	April	Mai	Juni	Juli	August	Sept.	Okt.	Nov.	Dez.	Jahr
Tagesmittel	**−1.17**	0.30	3.58	7.51	12.57	16.21	**17.57**	16.63	13.17	8.60	3.43	−0.05	8.20
1ᵃ	−0.66	−0.98	−1.65	−2.62	−3.34	−3.46	−3.11	−2.85	−2.36	−1.46	−0.83	−0.37	−1.98
2	−0.75	−1.08	−1.90	−2.97	−3.77	−3.91	−3.48	−3.16	−2.64	−1.65	−0.93	−0.51	−2.23
3	−0.82	−1.15	−2.14	−3.24	−4.12	−4.29	−3.81	−3.49	−2.84	−1.83	−1.00	−0.54	−2.44
4	−0.87	−1.22	−2.34	−3.49	−4.41	**−4.55**	**−4.09**	−3.73	−2.99	−1.98	−1.07	−0.61	−2.62
5	−0.91	−1.31	−2.49	**−3.72**	**−4.42**	−4.39	−4.06	**−3.93**	−3.29	−2.13	−1.18	−0.68	**−2.71**
6	−0.97	−1.37	**−2.62**	−3.59	−3.72	−3.35	−3.39	−3.63	**−3.35**	**−2.25**	−1.26	−0.73	−2.52
7	−0.95	**−1.41**	−2.44	−2.70	−2.18	−1.75	−1.92	−2.55	−2.87	−2.24	**−1.30**	−0.73	−1.92
8	**−0.98**	−1.35	−1.80	−1.27	−0.69	−0.36	−0.64	−0.87	−1.59	−1.76	−1.23	**−0.77**	−1.11
9	−0.78	−0.81	−0.56	+0.23	+0.78	+0.90	+0.70	+0.71	+0.17	−0.49	−0.72	−0.64	−0.05
10	−0.20	+0.07	+0.68	+1.47	+1.93	+2.03	+1.85	+1.89	+1.72	+0.96	+0.25	−0.16	+1.04
11	+0.54	+0.94	+1.67	+2.39	+2.75	+2.83	+2.71	+2.87	+2.77	+2.10	+1.12	+0.53	+1.93
12	+1.19	+1.54	+2.36	+3.02	+3.50	+3.53	+3.36	+3.48	+3.48	+2.91	+1.81	+1.10	+2.60
1ᵖ	+1.60	+2.00	+2.93	+3.53	+3.96	+4.07	+3.83	+3.97	+4.04	+3.38	+2.23	+1.43	+3.08
2	**+1.80**	**+2.28**	+3.28	+3.94	**+4.37**	**+4.39**	**+4.13**	+4.22	**+4.33**	**+3.51**	**+2.33**	**+1.44**	**+3.33**
3	+1.53	+2.15	**+3.35**	**+3.95**	+4.29	+4.28	+4.10	**+4.30**	+4.17	+3.24	+1.90	+1.11	+3.19
4	+1.09	+1.82	+3.02	+3.79	+4.09	+4.05	+3.87	+3.99	+3.78	+2.45	+1.24	+0.68	+2.82
5	+0.65	+1.16	+2.37	+3.27	+3.64	+3.59	+3.41	+3.33	+2.72	+1.25	+0.68	+0.41	+2.20
6	+0.41	+0.57	+1.40	+2.40	+2.87	+2.79	+2.63	+2.24	+1.25	+0.45	+0.36	+0.20	+1.46
7	+0.10	+0.26	+0.56	+1.12	+1.58	+1.65	+1.48	+0.77	+0.11	−0.02	+0.09	+0.06	+0.65
8	+0.04	−0.02	+0.03	+0.11	+0.11	+0.23	+0.04	−0.42	−0.49	−0.34	−0.13	−0.04	−0.08
9	−0.06	−0.24	−0.37	−0.56	−0.83	−1.05	−1.02	−1.05	−0.93	−0.61	−0.32	−0.14	−1.00
10	−0.14	−0.48	−0.79	−1.18	−1.58	−1.86	−1.69	−1.60	−1.38	−0.93	−0.51	−0.28	−1.05
11	−0.36	−0.66	−1.10	−1.67	−2.17	−2.45	−2.20	−2.10	−1.79	−1.18	−0.69	−0.39	−1.40
12	−0.49	−0.81	−1.38	−2.11	−2.71	−2.98	−2.69	−2.49	−2.12	−1.41	−0.84	−0.44	−1.71

Tagesmittel und Abweichungen der Stundenmittel vom Tagesmittel

Potsdam (Observatorium—Turm). (S. 11, 12.)
1893—1904.

$\varphi = 52°23'$ N $\lambda = 13°4'$ E $H = 80$ m $h_t = 33.8$ m

	Januar	Februar	März	April	Mai	Juni	Juli	August	Sept.	Okt.	Nov.	Dez.	Jahr
Tages-mittel	**−1.25**	0.19	3.68	7.62	11.96	15.93	**17.60**	16.84	13.42	8.70	3.60	0.24	8.21
1ª	−0.53	−0.77	−1.16	−1.91	−2.38	−2.39	−2.13	−2.05	−1.77	−1.02	−0.62	−0.32	−1.42
2	−0.62	−0.89	−1.44	−2.25	−2.81	−2.89	−2.60	−2.49	−2.15	−1.21	−0.71	−0.43	−1.71
3	−0.67	−0.96	−1.67	−2.58	−3.24	−3.35	−3.02	−2.86	−2.43	−1.44	−0.76	−0.48	−1.95
4	−0.73	−1.03	−1.89	−2.82	−3.57	−3.72	−3.38	−3.19	−2.73	−1.60	−0.88	−0.56	−2.18
5	−0.81	−1.11	−2.05	−3.08	**−3.70**	**−3.74**	**−3.54**	**−3.47**	−2.97	−1.76	−0.98	−0.62	**−2.32**
6	−0.83	−1.25	**−2.21**	**−3.11**	−3.38	−3.25	−3.25	−3.39	**−3.15**	−1.86	−1.03	−0.64	−2.27
7	−0.87	**−1.26**	**−2.21**	−2.64	−2.40	−2.16	−2.37	−2.75	−2.89	**−1.92**	−1.11	−0.70	−1.94
8	**−0.88**	−1.25	−1.82	−1.62	−1.26	−1.05	−1.27	−1.62	−2.01	−1.63	**−1.12**	**−0.72**	−1.35
9	−0.75	−0.93	−1.04	−0.49	−0.26	−0.06	−0.18	−0.40	−0.67	−0.87	−0.81	−0.63	−0.59
10	−0.39	−0.33	−0.14	+0.46	+0.77	+0.82	+0.74	+0.60	+0.53	+0.16	−0.21	−0.30	+0.23
11	+0.20	+0.40	+0.77	+1.34	+1.57	+1.59	+1.52	+1.46	+1.57	+1.07	+0.47	+0.22	+1.02
12	+0.72	+0.95	+1.44	+1.97	+2.29	+2.23	+2.22	+2.12	+2.26	+1.83	+1.09	+0.71	+1.66
1ᵖ	+1.13	+1.40	+2.00	+2.49	+2.74	+2.76	+2.66	+2.65	+2.84	+2.26	+1.52	+1.05	+2.13
2	+1.34	+1.69	+2.45	+2.87	+3.15	+3.10	+2.98	+3.09	+3.21	+2.46	**+1.73**	**+1.17**	+2.44
3	**+1.40**	**+1.81**	**+2.66**	+3.06	**+3.37**	+3.18	+3.07	**+3.34**	**+3.33**	**+2.47**	+1.67	+1.07	**+2.53**
4	+1.09	+1.66	+2.57	**+3.08**	**+3.25**	**+3.08**	**+3.25**	+3.31	+3.24	+2.13	+1.29	+0.77	+2.40
5	+0.80	+1.28	+2.20	+2.85	+3.13	+3.07	+2.92	+3.07	+2.83	+1.55	+0.92	+0.55	+2.10
6	+0.56	+0.92	+1.63	+2.40	+2.71	+2.69	+2.59	+2.58	+2.04	+1.00	+0.61	+0.35	+1.68
7	+0.36	+0.59	+1.06	+1.56	+1.96	+2.13	+1.96	+1.82	+1.24	+0.51	+0.34	+0.21	+1.14
8	+0.19	+0.29	+0.56	+0.81	+1.03	+1.17	+1.06	+0.98	+0.60	+0.14	+0.10	+0.09	+0.59
9	+0.06	+0.04	+0.13	+0.18	+0.22	+0.24	+0.24	+0.23	+0.01	−0.13	−0.11	−0.01	+0.09
10	−0.12	−0.27	−0.27	−0.42	−0.50	−0.54	−0.45	−0.49	−0.53	−0.49	−0.29	−0.13	−0.37
11	−0.26	−0.40	−0.58	−0.88	−1.15	−1.25	−1.07	−1.07	−0.98	−0.74	−0.46	−0.25	−0.76
12	−0.39	−0.59	−0.87	−1.38	−1.73	−1.80	−1.66	−1.58	−1.42	−1.03	−0.61	−0.29	−1.11

Magdeburg. (S. 12.)
1897—1900.

$\varphi = 52°8'$ N $\lambda = 11°38'$ E $H = 56$ m $h_t = 4.0$ m

	Januar	Februar	März	April	Mai	Juni	Juli	August	Sept.	Okt.	Nov.	Dez.	Jahr
Tages-mittel	**1.00**	1.82	3.76	7.93	12.29	16.88	17.51	**18.52**	14.16	8.76	5.29	1.91	9.15
1ª	−0.48	−1.03	−1.52	−2.39	−2.83	−3.16	−2.87	−3.20	−2.40	−1.48	−0.87	−0.58	−1.90
2	−0.53	−1.14	−1.69	−2.72	−3.26	−3.70	−3.30	−3.63	−2.72	−1.76	−0.95	−0.61	−2.17
3	−0.54	−1.20	−1.86	−3.02	−3.63	−4.21	−3.63	−4.00	−2.94	−1.98	−1.10	−0.61	−2.39
4	−0.59	−1.24	−2.00	−3.24	−3.95	**−4.65**	**−3.92**	−4.45	−3.15	−2.25	−1.23	−0.66	−2.61
5	−0.61	−1.33	−2.15	**−3.37**	**−4.07**	−4.64	−3.87	**−4.72**	−3.27	−2.41	−1.33	−0.77	−2.71
6	−0.63	−1.38	**−2.27**	−3.19	−3.53	−3.91	−3.32	−4.39	**−3.84**	**−2.53**	−1.38	**−0.81**	**−2.95**
7	**−0.66**	**−1.39**	−2.19	−2.37	−2.26	−2.56	−2.22	−3.32	−2.83	−2.44	**−1.43**	−0.75	−2.03
8	−0.62	−1.23	−1.64	−1.24	−0.95	−0.98	−0.91	−1.54	−1.76	−1.85	−1.28	−0.73	−1.23
9	−0.54	−0.84	−0.90	−0.31	−0.03	+0.14	+0.13	−0.10	−0.43	−0.91	−0.89	−0.59	−0.44
10	−0.22	−0.09	+0.06	+0.68	+0.92	+1.16	+1.13	+1.26	+0.70	+0.31	−0.16	−0.15	+0.49
11	+0.27	+0.73	+0.99	+1.54	+1.89	+2.16	+2.03	+2.41	+2.28	+1.54	+0.72	+0.52	+1.43
12	+0.82	+1.39	+1.81	+2.32	+2.69	+3.00	+2.74	+3.40	+3.08	+2.50	+1.54	+1.06	+2.20
1ᵖ	+1.24	+1.85	+2.53	+2.90	+3.31	+3.70	+3.36	+4.18	+3.68	+3.15	+2.09	+1.46	+2.79
2	**+1.48**	+2.15	+2.98	+3.33	+3.72	+4.20	+3.69	+4.68	+3.96	**+3.50**	**+2.40**	**+1.63**	+3.15
3	+1.40	**+2.24**	**+3.10**	**+3.61**	**+3.88**	**+4.49**	**+3.98**	**+5.05**	**+4.28**	+3.48	+2.29	+1.49	**+3.28**
4	+1.08	+2.02	+2.91	+3.59	+3.83	+4.25	+3.87	+4.88	+4.07	+3.02	+1.79	+1.10	+3.04
5	+0.66	+1.52	+2.45	+3.34	+3.51	+3.89	+3.43	+4.42	+3.24	+2.22	+1.16	+0.73	+2.55
6	+0.34	+0.86	+1.66	+2.61	+3.00	+3.22	+2.92	+3.39	+2.14	+1.36	+0.66	+0.39	+1.88
7	+0.06	+0.28	+0.84	+1.51	+2.06	+2.32	+1.97	+1.96	+0.94	+0.58	+0.27	+0.11	+1.08
8	−0.12	−0.14	+0.13	+0.47	+0.73	+0.77	+0.62	+0.44	−0.10	−0.12	−0.11	−0.16	+0.20
9	−0.27	−0.33	−0.32	−0.19	−0.21	−0.22	−0.43	−0.60	−0.76	−0.49	−0.31	−0.33	−0.37
10	−0.40	−0.50	−0.69	−0.83	−0.97	−1.07	−1.17	−1.34	−1.22	−0.88	−0.51	−0.47	−0.83
11	−0.51	−0.58	−0.99	−1.28	−1.64	−1.84	−1.84	−2.05	−1.66	−1.16	−0.61	−0.55	−1.22
12	−0.59	−0.69	−1.25	−1.68	−2.20	−2.46	−2.41	−2.62	−2.07	−1.43	−0.77	−0.63	−1.56

Wasserleben am Nordrand des Harzes. (S. 12.)
1899—1908 (excl. Dez. 1899).

$\varphi = 51°\,56'\,N \qquad \lambda = 10°\,45'\,E \qquad H = 152\,m \qquad h_t = 2{,}1\,m$

	Januar	Februar	März	April	Mai	Juni	Juli	August	Sept.	Okt.	Nov.	Dez.	Jahr
Tages-mittel	**0.42**	0.99	3.32	6.97	12.12	15.37	**17.02**	16.18	12.93	8.99	4.24	1.02	8.30
1ª	—0.60	—0.68	—1.38	—2.35	—3.21	—3.46	—3.31	—2.93	—2.33	—1.55	—0.84	—0.32	—1.92
2	—0.67	—0.84	—1.53	—2.58	—3.56	—3.81	—3.68	—3.13	—2.60	—1.69	—0.96	—0.35	—2.12
3	—0.69	—0.96	—1.70	—2.79	—3.85	—4.12	—3.99	—3.42	—2.85	—1.85	—1.02	—0.45	—2.31
4	—0.76	—1.04	—1.82	—2.99	—**4.16**	—**4.35**	—**4.30**	—3.58	—3.03	—2.01	—1.08	—0.50	—2.47
5	—0.78	—1.08	—1.92	—**3.16**	—4.06	—3.98	—4.18	—**3.72**	—3.14	—2.20	—1.12	—0.58	—**2.50**
6	—**0.81**	—**1.11**	—**1.96**	—2.96	—3.23	—2.99	—3.28	—3.28	—**3.21**	—**2.27**	—**1.15**	—0.62	—2.24
7	—0.76	—1.11	—**1.88**	—2.06	—1.81	—1.55	—1.78	—2.05	—2.62	—2.23	—1.13	—0.63	—1.64
8	—0.76	—1.06	—1.33	—0.95	—0.53	—0.27	—0.41	—0.65	—1.41	—1.60	—1.07	—**0.65**	—0.89
9	—0.59	—0.71	—0.45	+0.13	+0.63	+0.91	+0.85	+0.78	+0.18	—0.34	—0.53	—0.55	+0.02
10	—0.04	—0.03	+0.38	+1.09	+1.65	+1.88	+1.84	+1.83	+1.50	+0.92	+0.38	—0.11	+0.93
11	+0.68	+0.68	+1.13	+1.89	+2.48	+2.64	+2.51	+2.65	+2.50	+1.95	+1.00	+0.55	+1.72
12	+1.20	+1.24	+1.79	+2.48	+3.05	+3.21	+3.16	+3.24	+3.24	+2.76	+1.66	+1.05	+2.34
1ᵖ	+1.53	+1.62	+2.32	+3.07	+3.60	+3.63	+3.66	+3.61	+3.68	+3.25	+2.07	+1.25	+2.77
2	+**1.66**	+**1.91**	+**2.67**	+3.45	+**4.04**	+**4.06**	+3.96	+3.98	+**4.08**	+**3.50**	+**2.24**	+**1.38**	+**3.08**
3	+1.46	+1.81	+2.66	+**3.73**	+3.99	+4.02	+**4.09**	+**4.01**	+**4.09**	+3.28	+1.90	+1.03	+3.00
4	+1.02	+1.49	+2.52	+3.41	+3.92	+3.86	+3.98	+3.80	+3.71	+2.68	+1.28	+0.58	+2.68
5	+0.58	+0.89	+2.10	+2.94	+3.56	+3.54	+3.59	+3.41	+3.01	+1.74	+0.67	+0.23	+2.19
6	+0.23	+0.31	+1.26	+2.23	+2.88	+2.99	+3.07	+2.56	+1.75	+0.67	+0.28	+0.09	+1.52
7	+0.06	+0.14	+0.43	+1.07	+1.75	+2.06	+2.09	+1.16	+0.43	±0.00	+0.05	—0.02	+0.77
8	—0.14	—0.02	—0.12	—0.01	+0.30	+0.62	+0.54	—0.32	—0.41	—0.41	—0.19	—0.10	—0.02
9	—0.24	—0.15	—0.38	—0.76	—0.87	—0.98	—1.00	—1.21	—0.96	—0.73	—0.29	—0.10	—0.64
10	—0.39	—0.31	—0.70	—1.32	—1.69	—2.06	—1.95	—1.87	—1.47	—1.12	—0.53	—0.28	—1.14
11	—0.49	—0.40	—0.91	—1.66	—2.17	—2.68	—2.47	—2.30	—1.86	—1.32	—0.66	—0.38	—1.44
12	—0.60	—0.48	—1.12	—1.96	—2.60	—3.14	—2.92	—2.64	—2.20	—1.49	—0.78	—0.45	—1.70

Uslar. (S. 12, 13.)
1894—1906 (excl. Sept. 1899).

$\varphi = 51°\,40'\,N \qquad \lambda = 9°\,38'\,E \qquad H = 172\,m \qquad h_t = 2{,}0\,m$

	Januar	Februar	März	April	Mai	Juni	Juli	August	Sept.	Okt.	Nov.	Dez.	Jahr
Tages-mittel	—**0.27**	0.41	3.73	7.73	11.68	15.46	**16.84**	15.99	12.75	8.13	4.13	0.60	8.10
1ª	—0.66	—1.07	—1.72	—2.49	—3.39	—3.71	—3.41	—3.18	—2.67	—1.50	—0.83	—0.42	—2.09
2	—0.72	—1.19	—1.99	—2.76	—3.75	—4.11	—3.82	—3.52	—2.98	—1.69	—0.98	—0.46	—2.33
3	—0.84	—1.29	—2.14	—3.01	—4.16	—4.54	—4.16	—3.76	—3.24	—1.80	—1.05	—0.52	—2.54
4	—0.91	—1.39	—2.29	—3.21	—4.42	—**4.77**	—**4.38**	—3.94	—3.35	—1.96	—1.11	—0.60	—2.70
5	—0.95	—1.43	—2.40	—3.41	—**4.52**	—4.42	—**4.38**	—**4.03**	—3.55	—2.10	—1.15	—0.65	—**2.75**
6	—**0.97**	—1.52	—**2.48**	—**3.42**	—3.90	—3.81	—3.76	—3.84	—**3.57**	—**2.21**	—1.24	—0.68	—2.62
7	—**0.97**	—**1.57**	—2.38	—2.78	—2.40	—2.16	—2.34	—2.74	—2.99	—2.16	—**1.22**	—**0.69**	—2.04
8	—0.84	—1.46	—1.75	—1.53	—0.68	—0.49	—0.78	—1.07	—2.03	—1.67	—1.11	—0.66	—1.17
9	—0.73	—0.83	—0.76	—0.14	+0.84	+0.96	+0.77	+0.55	—0.16	—0.73	—0.72	—0.49	—0.12
10	—0.17	+0.04	+0.36	+1.15	+2.12	+2.19	+2.08	+1.96	+1.53	+0.34	±0.00	—0.09	+0.96
11	+0.49	+0.90	+1.52	+2.15	+3.02	+3.11	+3.04	+3.02	+2.83	+1.48	+0.85	+0.45	+1.90
12	+1.04	+1.72	+2.31	+2.90	+3.69	+3.78	+3.78	+3.76	+3.79	+2.47	+1.45	+0.92	+2.63
1ᵖ	+1.45	+2.21	+2.89	+3.54	+4.10	+4.29	+4.33	+4.43	+**3.14**	+1.99	+1.25	+3.14	
2	+**1.72**	+**2.54**	+3.29	+3.81	+**4.44**	+4.57	+**4.43**	+**4.71**	+**4.75**	+**3.48**	+**2.27**	+**1.35**	+**3.44**
3	+1.62	+2.47	+**3.36**	+**3.82**	+**4.59**	+4.54	+4.64	+4.68	+4.39	+2.17	+1.17	+3.39	
4	+1.20	+2.14	+3.11	+3.65	+4.10	+4.23	+4.18	+4.29	+4.22	+2.87	+1.62	+0.78	+3.03
5	+0.71	+1.44	+2.53	+3.19	+3.58	+3.85	+3.69	+3.73	+3.37	+1.96	+0.95	+0.45	+2.45
6	+0.34	+0.72	+1.60	+2.37	+2.80	+2.99	+2.88	+2.66	+1.97	+0.97	+0.47	+0.20	+1.66
7	+0.08	+0.24	+0.74	+1.29	+1.72	+1.92	+1.71	+1.23	+0.61	+0.21	+0.11	+0.02	+0.82
8	—0.11	—0.20	+0.05	+0.17	+0.23	+0.36	+0.21	—0.23	—0.38	—0.25	—0.17	—0.10	—0.04
9	—0.29	—0.35	—0.47	—0.61	—0.92	—1.09	—1.03	—1.34	—1.13	—0.67	—0.39	—0.18	—0.71
10	—0.43	—0.56	—0.81	—1.08	—1.61	—1.91	—**1.81**	—1.94	—1.61	—0.98	—0.54	—0.25	—1.13
11	—0.51	—0.75	—1.11	—1.56	—2.23	—2.61	—2.42	—2.47	—2.10	—1.21	—0.70	—0.35	—1.50
12	—0.60	—0.92	—1.36	—1.99	—3.00	—3.17	—3.01	—2.92	—2.45	—1.43	—0.78	—0.42	—1.84

Tagesmittel und Abweichungen der Stundenmittel vom Tagesmittel

Aachen (Alfonsstraße). (S. 13.)
1896—1900.

$\varphi = 50^0\ 47'\ N \qquad \lambda = 6^0\ 6'\ E \qquad\qquad H = 169\ m \qquad h_t = 2.6\ m$

	Januar	Februar	März	April	Mai	Juni	Juli	August	Sept.	Okt.	Nov.	Dez.	Jahr
Tagesmittel	**2.95**	3.65	5.02	8.25	11.61	16.54	17.54	**17.56**	14.24	9.73	5.86	3.37	9.69
1ᵃ	−0.34	−0.78	−1.27	−2.04	−2.64	−2.90	−2.78	−2.61	−1.93	−1.32	−0.73	−0.53	−1.56
2	−0.43	−0.82	−1.37	−2.24	−2.91	−3.18	−2.99	−2.78	−2.04	−1.40	−0.83	−0.61	−1.81
3	−0.52	−1.07	−1.47	−2.48	−3.23	−3.54	−3.26	−3.05	−2.16	−1.48	−0.75	−0.67	−1.99
4	−0.57	−1.16	−1.57	−2.66	−3.42	−**3.68**	− **3.40**	−3.24	−2.26	−1.55	−1.02	−0.70	−2.10
5	−0.64	−1.20	−1.69	−**2.81**	−**3.43**	−3.64	−3.39	−**3.33**	−**2.38**	−1.67	−1.12	−0.73	−**2.16**
6	−0.69	−**1.26**	−**1.79**	−2.79	−3.04	−3.08	−2.96	−3.21	−**2.38**	−1.75	−1.16	−**0.77**	−2.07
7	−**0.70**	−**1.26**	−1.69	−2.26	−1.86	−2.00	−1.93	−2.36	−1.99	−**1.76**	−**1.17**	−0.76	−1.70
8	−0.69	−1.17	−1.33	−1.23	−0.50	−0.34	−0.45	−0.76	−1.02	−1.37	−1.07	−0.64	−0.88
9	−0.52	−0.73	−0.53	+0.26	+0.68	+0.84	+0.81	+0.71	+0.27	−0.49	−0.61	−0.47	+0.02
10	−0.29	−0.11	+0.25	+0.96	+1.38	+1.68	+1.56	+1.66	+1.18	+0.56	−0.03	−0.11	+0.73
11	+0.16	+0.62	+1.00	+1.77	+2.29	+2.48	+2.39	+2.46	+2.18	+1.57	+0.88	+0.44	+1.53
12	+0.58	+1.12	+1.60	+2.28	+2.77	+2.96	+2.94	+3.22	+2.77	+2.08	+1.43	+0.91	+2.06
1ᵖ	+0.97	+1.58	+2.21	+2.83	+3.36	+3.45	+3.75	+3.41	+2.57	+1.83	+1.19	+2.56
2	+**1.14**	+**1.88**	+**2.60**	+**3.22**	+**3.66**	+**3.89**	+**3.91**	+**4.17**	+**3.64**	+**2.93**	+**2.14**	+**1.35**	+**2.87**
3	+1.09	+1.86	+2.48	+3.21	+3.58	+3.85	+3.84	+3.97	+3.29	+2.72	+1.87	+1.21	+2.75
4	+0.89	+1.67	+2.14	+2.78	+3.38	+3.67	+3.51	+3.41	+2.63	+2.31	+1.50	+0.92	+2.40
5	+0.60	+1.29	+1.71	+2.22	+2.52	+2.74	+2.73	+2.60	+2.00	+1.54	+0.95	+0.56	+1.79
6	+0.38	+0.86	+1.21	+1.79	+2.03	+2.15	+2.09	+1.74	+1.04	+0.75	+0.53	+0.30	+1.24
7	+0.20	+0.34	+0.48	+0.96	+1.12	+1.20	+1.01	+0.65	+0.04	+0.09	+0.09	+0.07	+0.53
8	+0.09	+0.03	−0.01	+0.28	+0.27	+0.35	+0.09	−0.27	−0.58	−0.32	−0.13	−0.06	−0.02
9	−0.05	−0.25	−0.45	−0.42	−0.70	−0.68	−0.92	−0.98	−1.07	−0.70	−0.35	−0.12	−0.55
10	−0.14	−0.37	−0.69	−0.86	−1.27	−1.41	−1.60	−1.51	−1.36	−1.00	−0.51	−0.21	−0.91
11	−0.24	−0.50	−0.94	−1.34	−1.85	−2.01	−2.19	−2.02	−1.64	−1.19	−0.67	−0.32	−1.14
12	−0.34	−0.58	−1.08	−1.62	−2.18	−2.45	−2.44	−2.30	−1.85	−1.33	−0.79	−0.42	−1.45

Aachen (Stadtwald). (S. 13.)
1896—1900.

$\varphi = 50^0\ 47'\ N \qquad \lambda = 6^0\ 6'\ E \qquad\qquad H = 358\ m \qquad h_t = 2.2\ m$

	Januar	Februar	März	April	Mai	Juni	Juli	August	Sept.	Okt.	Nov.	Dez.	Jahr
Tagesmittel	**1.38**	1.98	3.15	6.25	9.53	14.53	15.54	**15.59**	12.52	8.57	4.80	1.65	7.96
1ᵃ	−0.24	−0.70	−1.04	−1.79	−2.25	−2.26	−1.05	−1.80	−1.24	−0.99	−0.44	−0.37	−1.27
2	−0.33	−0.85	−1.09	−1.97	−2.52	−2.37	−1.16	−2.04	−1.39	−1.05	−0.46	−0.43	−1.42
3	−0.37	−0.94	−1.34	−2.16	−2.83	−2.63	−2.54	−2.28	−1.54	−1.12	−0.59	−0.48	−1.59
4	−0.46	−1.02	−1.45	−2.35	−**3.09**	−**3.01**	−2.67	−2.47	−1.71	−1.21	−0.64	−0.53	−1.72
5	−0.51	−1.04	−1.60	−**2.54**	−**3.09**	−3.00	−**2.67**	−**2.63**	−1.79	−1.29	−0.81	−0.55	−**1.75**
6	−0.56	−1.13	−**1.71**	−2.44	−2.69	−2.70	−2.49	−2.60	−**1.85**	−1.42	−0.94	−0.57	−1.76
7	−**0.60**	−**1.26**	−1.69	−2.93	−1.75	−1.82	−1.69	−2.01	−1.62	−**1.48**	−**0.97**	−**0.58**	−1.47
8	−0.60	−1.08	−1.28	−1.08	−0.83	−1.18	−1.18	−1.09	−1.25	−0.92	−0.56	−0.96
9	−0.48	−0.50	−0.44	−0.03	+0.27	+0.29	+0.14	−0.12	−0.19	−0.42	−0.28	−0.30	−0.16
10	−0.19	+0.08	+0.14	+0.70	+1.05	+1.17	+1.05	+0.84	+0.67	+0.33	+0.38	+0.06	+0.51
11	+0.27	+0.69	+0.96	+1.53	+1.84	+1.91	+1.59	+1.78	+1.47	+1.18	+0.94	+0.60	+1.22
12	+0.64	+1.22	+1.44	+1.92	+2.32	+2.35	+2.18	+2.27	+2.02	+1.72	+1.18	+0.82	+1.57
1ᵖ	+0.85	+1.49	+1.82	+2.39	+2.90	+2.89	+2.63	+2.72	+2.35	+2.14	+1.57	+1.01	+2.06
2	+**0.94**	+1.74	+**2.16**	+**2.79**	+**3.25**	+3.02	+**3.06**	+2.98	+**2.62**	+**2.34**	+**1.61**	+**1.15**	+**2.28**
3	+0.82	+**1.84**	+**2.22**	+2.76	+3.18	+3.05	+**3.07**	+**3.07**	+2.55	+2.21	+1.40	+0.83	+2.27
4	+0.54	+1.49	+2.03	+2.64	+2.94	+2.95	+2.86	+2.93	+2.15	+1.72	+0.81	+0.48	+1.97
5	+0.29	+1.01	+1.52	+2.15	+2.58	+2.69	+2.58	+2.42	+1.52	+1.05	+0.31	+0.20	+1.53
6	+0.13	+0.57	+0.96	+1.67	+2.02	+2.10	+1.07	+1.70	+0.93	+0.52	+0.08	+0.06	+1.06
7	+0.06	+0.22	+0.38	+0.86	+1.06	+1.09	+1.01	+0.81	+0.20	+0.08	−0.14	−0.02	+0.45
8	+0.05	±0.00	+0.08	+0.36	+0.33	+0.35	+0.20	+0.12	−0.13	−0.15	−0.22	±0.00	+0.09
9	−0.01	−0.24	−0.22	−0.27	−0.35	−0.52	−0.49	−0.48	−0.57	−0.44	−0.30	−0.09	−0.33
10	−0.06	−0.36	−0.44	−0.63	−0.88	−0.95	−1.03	−0.89	−0.82	−0.66	−0.43	−0.11	−0.61
11	−0.11	−0.43	−0.66	−1.08	−1.37	−1.56	−1.49	−1.30	−1.02	−0.88	−0.50	−0.21	−0.89
12	−0.25	−0.54	−0.82	−1.36	−1.71	−1.87	−1.77	−1.63	−1.29	−0.99	−0.61	−0.25	−1.09

Tagesmittel und Abweichungen der Stundenmittel vom Tagesmittel

Aachen (Observatorium). (S. 13.)
1901—1908.

$\varphi = 50^0 47' N \quad \lambda = 6^0 6' E \quad\quad H = 202 m \quad h_t = 2.1 m$

	Januar	Februar	März	April	Mai	Juni	Juli	August	Sept.	Okt.	Nov.	Dez.	Jahr
Tages-mittel	**1.75**	1.84	4.80	7.66	12.36	15.37	**17.22**	16.29	13.72	9.79	5.25	1.99	9.00
1ª	−0.62	−0.79	−1.32	−2.04	−2.66	−2.85	−2.80	−2.42	−2.13	−1.37	−0.85	−0.44	−1.69
2	−0.67	−0.87	−1.47	−2.35	−2.89	−3.19	−3.09	−2.68	−2.37	−1.48	−0.97	−0.49	−1.87
3	−0.79	−0.94	−1.61	−2.58	−3.18	−3.50	−3.43	−2.94	−2.59	−1.67	−1.08	−0.53	−2.07
4	−0.84	−1.01	−1.75	−2.74	−3.40	−3.71	−3.68	−3.08	−2.86	−1.80	−1.17	−0.59	−2.22
5	**−0.92**	−1.08	−1.88	**−2.88**	**−3.42**	−3.58	−3.66	**−3.18**	−3.10	−1.92	−1.22	−0.70	**−2.29**
6	−0.91	**−1.11**	**−1.93**	−2.75	−2.96	−3.05	−3.16	−2.92	**−3.11**	**−1.98**	**−1.28**	**−0.73**	−2.15
7	−0.84	−1.08	−1.82	−2.05	−1.84	−1.94	−2.14	−2.11	−2.45	−1.78	−1.24	−0.67	−1.66
8	−0.79	−0.96	−1.29	−1.00	−0.58	−0.79	−0.79	−0.93	−1.16	−1.01	−0.97	−0.64	−0.91
9	−0.52	−0.41	−0.30	+0.19	+0.69	+0.41	+0.59	+0.44	+0.46	+0.19	−0.27	−0.31	+0.10
10	−0.01	+0.15	+0.51	+1.13	+1.60	+1.41	+1.58	+1.40	+1.55	+1.14	+0.48	+0.21	+0.92
11	+0.69	+0.80	+1.31	+2.04	+2.39	+2.51	+2.57	+2.31	+2.71	+2.04	+1.31	+0.75	+1.79
12	+1.18	+1.20	+1.89	+2.59	+2.88	+3.04	+3.08	+2.90	+3.30	+2.60	+1.80	+1.11	+2.30
1ᵖ	+1.58	+1.56	+2.24	+2.91	+3.31	+3.53	+3.57	+3.46	+3.70	**+2.99**	**+2.11**	+1.29	+2.69
2	**+1.61**	**+1.74**	**+2.46**	**+3.06**	+3.40	+3.67	+3.78	**+3.70**	**+3.88**	+2.97	+2.06	**+1.30**	**+2.81**
3	+1.36	+1.63	+2.46	+3.03	**+3.43**	**+3.76**	**+3.86**	+3.67	+3.68	+2.57	+1.66	+0.98	+2.68
4	+0.98	+1.34	+2.20	+2.86	+3.26	+3.62	+3.68	+3.34	+3.15	+1.93	+1.13	+0.69	+2.35
5	+0.55	+0.82	+1.69	+2.31	+2.80	+3.18	+3.05	+2.72	+2.16	+0.99	+0.56	+0.39	+1.77
6	+0.29	+0.47	+1.01	+1.66	+2.11	+2.51	+2.43	+1.85	+1.07	+0.42	+0.30	+0.15	+1.19
7	+0.10	+0.16	+0.42	+0.71	+1.01	+1.31	+1.14	+0.53	+0.10	−0.11	+0.06	−0.06	+0.45
8	−0.05	−0.04	+0.02	+0.05	+0.08	+0.23	+0.13	−0.22	−0.42	−0.43	−0.15	−0.16	−0.07
9	−0.11	−0.17	−0.32	−0.36	−0.74	−0.70	−0.80	−0.78	−0.81	−0.65	−0.33	−0.24	−0.50
10	−0.28	−0.35	−0.59	−0.86	−1.32	−1.44	−1.46	−1.31	−1.22	−1.01	−0.54	−0.34	−0.89
11	−0.38	−0.48	−0.82	−1.32	−1.80	−2.06	−2.00	−1.70	−1.55	−1.25	−0.69	−0.44	−1.20
12	−0.45	−0.58	−1.01	−1.64	−2.15	−2.47	−2.38	−2.04	−1.88	−1.41	−0.77	−0.56	−1.44

Kaiserslautern. (S. 13.)
1884—1886, 1888—1889
(excl. Dez. 1886 u. Jan. 1888).

$\varphi = 49^0 27' N \quad \lambda = 7^0 46' E \quad\quad H = 242 m \quad h_t = 6.0 m$

	Januar	Februar	März	April	Mai	Juni	Juli	August	Sept.	Okt.	Nov.	Dez.	Jahr
Tages-mittel	0.25	0.82	3.22	7.92	12.87	16.26	**17.26**	16.31	13.54	8.03	4.12	**0.07**	8.39
1ª	−0.90	−1.10	−1.94	−2.95	−3.71	−3.39	−3.37	−3.39	−2.62	−1.70	−0.80	−0.61	−2.21
2	−1.07	−1.30	−2.21	−3.36	−4.15	−3.84	−3.74	−3.74	−2.91	−1.89	−0.89	−0.75	−2.48
3	−1.18	−1.42	−2.43	−3.63	−4.54	−4.24	−3.96	−4.09	−3.19	−2.00	−0.98	−0.85	−2.71
4	−1.26	−1.61	−2.69	−3.87	**−4.84**	−4.60	−4.24	−4.34	−3.43	−2.08	−1.08	**−0.96**	−2.92
5	**−1.27**	−1.72	−2.90	**−4.09**	**−4.84**	**−4.61**	**−4.34**	**−4.50**	−3.63	**−2.13**	−1.14	−0.96	**−3.01**
6	**−1.27**	**−1.74**	**−2.97**	−3.92	−3.64	−3.60	−4.11	**−3.75**	−2.07	**−1.21**	−0.92	−0.92	−2.78
7	−1.26	−1.70	−2.76	−3.00	−2.73	−2.21	−2.36	−2.99	−3.26	−1.92	−1.14	−0.83	−2.18
8	−1.09	−1.47	−2.07	−1.49	−0.75	−0.74	−1.31	−1.89	−1.38	−0.91	−0.72	−1.20	−1.20
9	−0.77	−0.84	−0.87	+0.14	+0.63	+0.62	+0.59	+0.26	−0.20	−0.48	−0.50	−0.46	−0.16
10	−0.13	+0.03	+0.45	+1.44	+1.80	+1.63	+1.60	+1.52	+1.40	+0.68	+0.06	−0.04	+0.87
11	+0.57	+0.89	+1.52	+2.42	+2.68	+2.49	+2.38	+2.55	+2.60	+1.66	+0.71	+0.47	+1.74
12	+1.07	+1.60	+2.33	+3.10	+3.42	+3.12	+2.93	+3.41	+3.40	+2.31	+1.26	+0.93	+2.41
1ᵖ	+1.61	+2.16	+2.99	+3.64	+3.90	+3.63	+3.51	+4.05	+4.07	+2.83	+1.70	+1.33	+2.95
2	**+1.85**	+2.52	+3.39	+4.03	+4.35	+4.16	+3.85	+4.42	+4.50	**+3.17**	**+1.90**	**+1.53**	+3.31
3	+1.84	**+2.64**	**+3.56**	**+4.10**	+4.60	**+4.41**	+4.48	**+4.56**	+3.14	+1.83	+1.19	**+3.40**
4	+1.64	+2.46	+3.45	+4.09	**+4.95**	+4.47	**+4.48**	**+4.75**	+4.34	+2.85	+1.50	+1.21	+3.35
5	+1.25	+1.92	+3.13	+3.90	+4.64	+4.24	+4.26	+4.31	+3.91	+1.01	+1.01	+0.85	+2.99
6	+0.83	+1.24	+2.30	+3.00	+3.65	+3.61	+3.64	+3.52	+2.50	+1.23	+0.57	+0.54	+2.22
7	+0.45	+0.54	+1.43	+1.89	+2.27	+2.17	+2.22	+2.09	+0.95	+0.43	+0.43	+0.29	+1.23
8	+0.11	−0.04	+0.29	+0.57	+0.46	+0.44	+0.55	+0.32	−0.19	−0.24	−0.08	+0.01	+0.18
9	−0.07	−0.37	−0.34	−0.43	−0.75	−0.84	−0.81	−0.87	−0.97	−0.65	−0.27	−0.15	−0.54
10	−0.23	−0.69	−0.81	−1.24	−1.63	−1.69	−1.75	−1.63	−1.58	−1.02	−0.45	−0.29	−1.09
11	−0.35	−0.88	−1.16	−1.87	−2.37	−2.33	−2.41	−2.31	−2.08	−1.33	−0.60	−0.48	−1.51
12	−0.47	−1.00	−1.48	−2.37	−3.03	−2.88	−2.90	−2.85	−2.46	−1.60	−0.73	−0.65	−1.87

Tagesmittel und Abweichungen der Stundenmittel vom Tagesmittel

Von der Heydt-Grube bei Saarbrücken. (S. 13.)
1890—1899.

$\varphi = 49^0 17' N \quad \lambda = 6^0 57' E \qquad H = 279 \text{ m} \quad h_t = 4.6 \text{ m}$

	Januar	Februar	März	April	Mai	Juni	Juli	August	Sept.	Okt.	Nov.	Dez.	Jahr
Tages-mittel	**−0.63**	1.18	4.73	8.86	12.36	15.93	**16.96**	16.94	13.77	8.78	4.49	0.38	8.65
1ᵃ	−0.71	−1.25	−1.87	−2.81	−3.33	−3.71	−3.29	−3.17	−2.58	−1.51	−0.86	−0.58	−2.14
2	−0.79	−1.33	−2.11	−3.12	−3.65	−4.09	−3.55	−3.38	−2.81	−1.64	−0.96	−0.62	−2.34
3	−0.88	−1.56	−2.40	−3.51	−4.00	−4.46	−3.90	−3.66	−3.03	−1.78	−1.08	−0.74	−2.59
4	−0.92	−1.67	−2.60	−3.79	−4.25	**−4.74**	**−4.05**	−3.86	−3.15	−1.88	−1.17	−0.81	−2.75
5	−0.97	−1.77	−2.87	**−4.05**	**−4.30**	−4.57	−4.05	**−4.06**	−3.35	−1.99	−1.25	−0.87	**−2.85**
6	−0.99	−1.87	**−2.96**	−3.95	−3.41	−3.39	−3.13	−3.76	**−3.36**	**−2.06**	−1.33	−0.93	−2.60
7	**−1.06**	**−1.92**	−2.74	−2.75	−1.70	−1.58	−1.60	−2.28	−2.61	−1.95	**−1.84**	**−1.00**	−1.88
8	−1.04	−1.70	−1.91	−1.39	−0.46	−0.22	−0.26	−0.69	−1.37	−1.37	−1.18	−0.94	−1.05
9	−0.75	−0.82	−0.62	+0.23	+0.80	+1.14	+0.94	+0.85	+0.16	−0.29	−0.64	−0.63	+0.03
10	−0.25	+0.01	+0.43	+1.26	+1.63	+1.91	+1.69	+1.80	+1.31	+0.69	±0.00	−0.15	+0.86
11	+0.52	+1.03	+1.54	+2.42	+2.56	+2.72	+2.40	+2.71	+2.50	+1.77	+0.86	+0.56	+1.79
12	+1.10	+1.71	+2.29	+3.07	+3.15	+3.36	+2.99	+3.31	+3.26	+2.49	+1.47	+1.05	+2.43
1ᵖ	+1.55	+2.33	+3.00	+3.66	+3.64	+3.80	+3.47	+3.95	+3.97	+3.06	+1.92	+1.50	+2.98
2	**+1.76**	+2.60	+3.30	+3.97	+3.91	+4.01	+3.78	+4.28	+4.21	**+3.27**	**+2.11**	**+1.61**	+3.23
3	+1.73	**+2.65**	**+3.41**	**+4.03**	**+3.94**	**+4.11**	**+3.88**	**+4.40**	**+4.26**	+3.16	+2.01	+1.49	**+3.25**
4	+1.48	+2.45	+3.24	+3.91	+3.91	+3.91	+3.80	+4.25	+4.05	+2.81	+1.69	+1.11	+3.04
5	+0.90	+1.87	+2.85	+3.51	+3.70	+3.85	+3.62	+3.87	+3.33	+1.67	+1.02	+0.64	+2.57
6	+0.51	+1.13	+2.17	+3.03	+3.37	+3.61	+3.46	+3.27	+2.09	+0.67	+0.64	+0.36	+2.02
7	+0.24	+0.50	+0.96	+1.48	+1.81	+2.29	+2.14	+1.23	+0.29	−0.01	+0.24	+0.18	+0.94
8	+0.09	+0.14	+0.31	+0.34	+0.21	+0.43	+0.29	−0.34	−0.46	−0.39	+0.01	−0.02	+0.06
9	−0.14	−0.29	−0.28	−0.54	−1.02	−1.12	−1.31	−1.44	−1.11	−0.79	−0.27	−0.13	−0.71
10	−0.32	−0.49	−0.68	−1.17	−1.60	−1.83	−1.91	−1.98	−1.51	−1.07	−0.44	−0.23	−1.11
11	−0.46	−0.80	−1.05	−1.74	−2.19	−2.50	−2.49	−2.46	−1.94	−1.35	−0.62	−0.34	−1.50
12	−0.56	−0.99	−1.40	−2.21	−2.66	−2.99	−2.91	−2.86	−2.22	−1.48	−0.77	−0.43	−1.79

Straßburg (Universität). (S. 13, 14.)
1892—1904.

$\varphi = 48^0 35' N \quad \lambda = 7^0 46' E \qquad H = 142 \text{ m} \quad h_t = 6.0 \text{ m}$

	Januar	Februar	März	April	Mai	Juni	Juli	August	Sept.	Okt.	Nov.	Dez.	Jahr
Tages-mittel	**−0.25**	1.89	5.42	9.91	13.22	17.23	**18.83**	17.93	14.62	9.52	4.50	1.00	9.49
1ᵃ	−0.71	−1.33	−2.04	−2.87	−3.23	−3.48	−3.22	−2.91	−2.31	−1.54	−0.90	−0.67	−2.11
2	−0.79	−1.54	−2.30	−3.18	−3.70	−3.87	−3.66	−3.28	−2.60	−1.72	−1.06	−0.74	−2.28
3	−0.92	−1.68	−2.58	−3.53	−4.10	−4.35	−4.05	−3.61	−2.88	−1.88	−1.18	−0.82	−2.64
4	−1.05	−1.81	−2.86	−3.87	−4.37	**−4.67**	**−4.34**	−3.90	−3.15	−2.06	−1.31	−0.88	−2.86
5	−1.13	−1.91	−3.15	**−4.04**	**−4.40**	−4.52	−4.32	**−4.06**	**−3.42**	−2.20	−1.39	−0.94	**−2.96**
6	−1.19	−1.98	**−3.23**	−3.96	−3.58	−3.54	−3.56	−3.73	−3.40	**−2.25**	−1.46	−0.99	−2.74
7	**−1.25**	**−2.00**	−3.05	−2.98	−2.24	−2.10	−2.33	−2.62	−2.73	−2.05	**−1.48**	**−1.02**	−2.16
8	−1.18	−1.74	−2.19	−1.67	−0.73	−0.67	−0.86	−1.41	−1.77	−1.52	−1.26	−0.96	−1.33
9	−0.86	−1.01	−0.89	−0.22	+0.46	+0.61	+0.69	+0.08	−0.37	−0.51	−0.71	−0.59	−0.28
10	−0.27	−0.09	+0.44	+1.23	+1.85	+1.86	+1.83	+1.55	+1.00	+0.47	−0.03	−0.10	+0.81
11	+0.37	+0.82	+1.55	+2.27	+2.81	+2.80	+2.68	+2.62	+2.16	+1.45	+0.72	+0.49	+1.72
12	+1.06	+1.76	+2.64	+3.16	+3.52	+3.58	+3.43	+3.50	+3.07	+2.39	+1.51	+1.01	+2.54
1ᵖ	+1.68	+2.34	+3.25	+3.72	+4.04	+4.09	+3.95	+4.00	+3.74	+3.01	+2.08	+1.51	+3.11
2	**+1.91**	+2.75	+3.70	+4.15	**+4.30**	+4.34	+4.22	+4.23	+4.13	**+3.27**	**+2.26**	**+1.67**	**+3.41**
3	+1.82	**+2.90**	**+3.84**	**+4.23**	+4.26	**+4.36**	**+4.28**	**+4.25**	**+4.14**	+3.17	+2.12	+1.49	+3.40
4	+1.52	+2.69	+3.64	+4.03	+3.89	+4.15	+4.02	+4.02	+3.82	+2.74	+1.77	+1.16	+3.12
5	+1.11	+1.89	+2.99	+3.51	+3.46	+3.58	+3.54	+3.42	+3.17	+2.02	+1.17	+0.78	+2.53
6	+0.66	+1.23	+2.22	+2.86	+2.71	+2.90	+2.76	+2.66	+1.97	+0.95	+0.70	+0.48	+1.84
7	+0.43	+0.74	+1.38	+1.76	+1.40	+1.77	+1.62	+1.51	+0.92	+0.49	+0.36	+0.26	+1.05
8	+0.26	+0.27	+0.57	+0.58	+0.37	+0.49	+0.33	+0.20	+0.09	+0.09	+0.06	+0.05	+0.26
9	+0.03	−0.08	−0.18	−0.26	−0.61	−0.65	−0.69	−0.72	−0.55	−0.52	−0.22	−0.12	−0.39
10	−0.29	−0.39	−0.75	−0.99	−1.36	−1.47	−1.47	−1.40	−1.18	−0.90	−0.45	−0.26	−0.91
11	−0.52	−0.72	−1.26	−1.75	−2.04	−2.25	−2.11	−2.01	−1.64	−1.14	−0.62	−0.43	−1.38
12	−0.64	−1.06	−1.68	−2.27	−2.68	−2.92	−2.68	−2.49	−1.99	−1.33	−0.73	−0.57	−1.76

Tagesmittel und Abweichungen der Stundenmittel vom Tagesmittel

Straßburg (Münsterspitze). (S. 13, 14.)
1892—1904
(excl. Jan. 1901, Aug. 1899, 1901.)

$\varphi = 48°\,35'\,N \qquad \lambda = 7°\,45'\,E \qquad H = 142\,m \qquad h_t = 136.0\,m$

	Januar	Februar	März	April	Mai	Juni	Juli	August	Sept.	Okt.	Nov.	Dez.	Jahr
Tages-mittel	**−0.23**	2.35	5.26	9.41	12.54	16.58	**18.48**	18.03	15.02	9.55	4.24	0.91	9.34
1^a	−0.20	−0.42	−0.74	−1.14	−1.41	−1.66	−1.38	−1.24	−1.00	−0.73	−0.16	−0.15	−0.85
2	−0.28	−0.61	−1.08	−1.61	−1.96	−2.18	−2.02	−1.82	−1.41	−0.93	−0.34	−0.25	−1.20
3	−0.45	−0.77	−1.42	−2.07	−2.45	−2.68	−2.60	−2.27	−1.79	−1.14	−0.52	−0.35	−1.54
4	−0.63	−0.94	−1.71	−2.50	−2.90	−3.19	−3.14	−2.72	−2.19	−1.36	−0.70	−0.46	−1.86
5	−0.74	−1.13	−2.01	−2.78	−3.22	−3.39	**−3.38**	−3.02	−2.49	−1.59	−0.88	−0.58	−2.10
6	−0.82	−1.32	−2.29	**−2.99**	−3.10	−3.22	−3.22	**−3.12**	−2.68	−1.84	−1.06	−0.65	**−2.19**
7	−0.90	−1.42	**−2.53**	−2.97	−2.62	−2.77	−2.81	−1.96	**−2.74**	**−1.91**	**−1.16**	−0.72	−2.12
8	**−0.92**	**−1.46**	−2.35	−2.50	−2.08	−2.05	−2.17	−2.51	−2.54	−1.71	−1.12	**−0.74**	−1.84
9	−0.85	−1.28	−1.68	−1.53	−1.16	−1.03	−1.16	−1.46	−1.69	−1.31	−1.01	−0.70	−1.23
10	−0.76	−0.91	−1.03	−0.49	+0.04	+0.09	−0.04	−0.35	−0.70	−0.69	−0.80	−0.55	−0.51
11	−0.44	−0.32	−0.17	+0.40	+0.99	+0.95	+0.88	+0.70	+0.28	+0.15	−0.34	−0.27	+0.24
12	−0.01	+0.30	+0.78	+1.25	+1.71	+1.67	+1.60	+1.48	+1.22	+0.90	+0.27	+0.18	+0.95
1^p	+0.59	+0.83	+1.52	+1.94	+2.23	+2.19	+2.13	+2.06	+1.97	+1.46	+0.76	+0.50	+1.52
2	+1.15	+1.26	+2.00	+2.49	+2.54	+2.61	+2.52	+2.46	+2.49	+1.87	+1.03	+0.73	+1.93
3	**+1.17**	+1.51	+2.28	+2.78	+2.74	+2.90	+2.81	+2.70	**+2.70**	**+2.01**	+1.10	+0.81	+2.13
4	+0.94	**+1.55**	**+2.34**	**+2.85**	**+2.75**	**+2.93**	**+2.93**	**+2.82**	+2.61	+1.89	**+1.12**	**+0.83**	**+2.14**
5	+0.81	+1.43	+2.16	+2.66	+2.54	+2.76	+2.80	+2.67	+2.37	+1.65	+1.04	+0.77	+1.98
6	+0.72	+1.25	+1.88	+2.30	+2.14	+2.45	+2.42	+2.37	+2.07	+1.39	+0.90	+0.60	+1.72
7	+0.61	+1.02	+1.61	+1.89	+1.78	+2.01	+2.00	+1.98	+1.71	+1.14	+0.75	+0.50	+1.42
8	+0.52	+0.76	+1.18	+1.44	+1.32	+1.49	+1.47	+1.53	+1.35	+0.84	+0.58	+0.40	+1.09
9	+0.36	+0.56	+0.92	+0.97	+0.82	+0.92	+0.94	+1.00	+0.86	+0.45	+0.35	+0.19	+0.70
10	+0.21	+0.35	+0.49	+0.45	+0.30	+0.39	+0.42	+0.44	+0.33	+0.06	+0.17	+0.06	+0.31
11	+0.05	+0.07	+0.03	−0.15	−0.27	−0.29	−0.18	−0.11	−0.13	−0.23	+0.08	±0.00	−0.09
12	−0.10	−0.23	−0.37	−0.68	−0.83	−0.99	−0.77	−0.66	−0.54	−0.47	−0.02	−0.06	−0.47

München (Sternwarte). (S. 14.)
1848—1880.

$\varphi = 48°\,9'\,N \qquad \lambda = 11°\,36'\,E \qquad H = 545\,m \qquad h_t = 7-8\,m$

	Januar	Februar	März	April	Mai	Juni	Juli	August	Sept.	Okt.	Nov.	Dez.	Jahr
Tages-mittel	**−2.82**	−0.87	2.00	7.40	11.60	15.48	**17.03**	16.32	12.81	7.82	1.40	−2.16	7.17
1^a	−0.99	−1.47	−2.09	−3.01	−3.55	−3.82	−3.82	−3.27	−2.84	−1.93	−1.05	−0.81	−2.39
2	−1.10	−1.68	−2.31	−3.36	−3.97	−4.24	−4.17	−3.64	−3.13	−2.14	−1.16	−0.93	−2.65
3	−1.22	−1.77	−2.52	−3.68	−4.32	−4.61	−4.54	−4.00	−3.46	−2.33	−1.27	−1.01	−2.90
4	−1.30	−1.85	−2.70	−3.99	**−4.55**	−4.82	**−4.88**	−4.32	−3.71	−2.48	−1.36	−1.10	**−3.09**
5	−1.36	−1.97	−2.81	**−4.20**	−4.33	−4.23	−4.53	**−4.48**	**−3.99**	−2.64	−1.43	−1.14	−3.09
6	−1.45	**−2.10**	**−2.93**	−3.78	−3.04	−2.71	−3.03	−3.61	−3.29	**−2.75**	**−1.49**	**−1.17**	−2.67
7	**−1.53**	−2.09	−2.62	−2.57	−1.44	−1.07	−1.18	−2.13	−2.73	−2.49	−1.48	−1.13	−1.87
8	−1.39	−1.60	−1.63	−0.75	+0.01	+0.23	+0.28	−0.26	−1.35	−1.03	−1.06	−0.79	−0.79
9	−0.67	−0.52	−0.06	+0.76	+1.23	+1.55	+1.59	+1.20	+0.71	+0.12	−0.19	−0.47	+0.43
10	+0.38	+0.71	+1.22	+2.04	+2.24	+2.54	+2.52	+2.31	+2.07	+1.51	+0.84	+0.45	+1.57
11	+1.31	+1.80	+2.24	+2.96	+3.16	+3.27	+3.14	+3.13	+2.57	+1.65	+1.30	+1.02	+2.47
12	+2.07	+2.48	+3.06	+3.58	+3.61	+3.73	+3.73	+3.70	+3.87	+3.24	+2.27	+1.88	+3.10
1^p	+2.51	+2.96	+3.58	+4.02	+4.06	+4.14	+4.07	+4.25	+4.39	+3.68	**+2.54**	**+2.15**	+3.53
2	**+2.57**	**+3.15**	**+3.81**	**+4.32**	**+4.33**	**+4.36**	+4.31	**+4.50**	**+4.63**	**+3.87**	+2.42	+2.10	**+3.69**
3	+2.24	+2.95	+3.73	+4.23	+4.33	+4.27	**+4.41**	+4.47	+4.57	+3.72	+2.13	+1.67	+3.56
4	+1.51	+2.38	+3.34	+3.97	+4.02	+4.01	+4.11	+4.12	+4.15	+3.03	+1.38	+1.03	+3.09
5	+0.74	+1.44	+2.42	+3.41	+3.38	+3.38	+3.55	+3.66	+3.32	+1.86	+0.67	+0.48	+2.34
6	+0.34	+0.65	+1.26	+2.26	+2.41	+2.46	+2.66	+2.36	+1.67	+0.82	+0.26	+0.15	+1.45
7	+0.03	+0.17	+0.33	+0.77	+1.05	+1.42	+0.90	+0.36	+0.06	−0.09	−0.03	+0.05	+0.51
8	−0.22	−0.18	−0.24	−0.18	−0.32	−0.17	−0.22	−0.33	−0.44	−0.51	−0.36	−0.22	−0.29
9	−0.39	−0.51	−0.74	−0.90	−1.12	−1.24	−1.24	−1.18	−1.14	−0.97	−0.56	−0.38	−0.88
10	−0.55	−0.75	−1.17	−1.46	−1.83	−2.12	−2.06	−1.84	−1.65	−1.34	−0.76	−0.54	−1.34
11	−0.72	−0.99	−1.52	−2.02	−2.44	−2.77	−2.71	−2.41	−2.01	−1.66	−0.89	−0.64	−1.75
12	−0.85	−1.22	−1.75	−2.49	−2.96	−3.28	−3.28	−2.90	−2.55	−1.78	−1.04	−0.75	−2.07

Tagesmittel und Abweichungen der Stundenmittel vom Tagesmittel

Prag (Garten des städtischen Wasserwerkes). (S. 14.)
1897—1902.

$\varphi = 50^\circ 5' N \quad \lambda = 14^\circ 24' E \qquad H = 327\,m \qquad h_t = 1.8\,m$

	Januar	Februar	März	April	Mai	Juni	Juli	August	Sept.	Okt.	Nov.	Dez.	Jahr
Tagesmittel	—0.75	—0.96	2.26	7.62	11.71	15.82	**17.30**	16.92	13.46	8.12	3.45	—0.43	7.88
1a	—0.61	—1.08	—1.58	—2.60	—3.09	—3.58	—3.28	—3.28	—2.26	—1.22	—0.73	—0.50	—1.99
2	—0.71	—1.20	—1.88	—2.94	—3.61	—4.10	—3.72	—3.70	—2.56	—1.50	—0.89	—0.53	—2.28
3	—0.83	—1.30	—2.08	—3.22	—3.99	—4.58	—4.18	—4.16	—2.94	—1.72	—0.95	—0.61	—2.55
4	—0.93	—1.44	—2.34	—3.52	—**4.27**	—**4.90**	—**4.48**	—4.58	—3.14	—1.82	—1.03	—0.69	—2.76
5	—0.97	—1.58	—2.54	—**3.68**	—4.11	—4.54	—4.34	—**4.70**	—**3.44**	—**2.02**	—1.13	—0.77	—**2.82**
6	—1.01	—**1.64**	—**2.66**	—3.48	—3.25	—3.46	—3.42	—4.02	—**3.44**	—**2.02**	—1.13	—**0.81**	—2.53
7	—0.97	—1.50	—2.30	—2.14	—1.55	—1.12	—1.36	—2.50	—2.54	—1.94	—**1.17**	—0.75	—1.66
8	—**1.05**	—1.30	—1.56	—1.26	—0.31	+0.38	+0.14	—0.48	—1.66	—1.48	—0.97	—0.73	—0.86
9	—0.69	—0.82	—0.52	+0.08	+0.75	+1.20	+1.28	+0.72	—0.26	—0.60	—0.59	—0.53	±0.00
10	—0.21	±0.00	+0.50	+1.08	+1.59	+2.00	+2.12	+1.78	+0.80	+0.44	+0.01	—0.03	+0.84
11	+0.51	+0.88	+1.56	+2.18	+2.53	+2.68	+2.92	+2.88	+2.10	+1.40	+0.67	+0.67	+1.75
12	+1.03	+1.56	+2.38	+2.78	+3.23	+3.34	+3.50	+3.62	+3.02	+1.98	+1.23	+1.11	+2.40
1p	+1.43	+2.20	+3.00	+3.58	+3.77	+4.08	+4.06	+4.36	+3.84	+2.70	+1.57	+1.47	+3.00
2	+**1.57**	+**2.38**	+3.26	+3.88	+3.97	+4.44	+4.44	+4.72	+**4.00**	+2.94	+**1.79**	+**1.51**	+3.24
3	+1.47	+**2.42**	+**3.36**	+**4.08**	+**4.41**	+**4.58**	+**4.50**	+**5.12**	+**4.18**	+**3.00**	+1.71	+1.25	+**3.34**
4	+1.09	+2.04	+3.06	+3.72	+4.11	+4.19	+4.10	+4.68	+3.72	+2.32	+1.25	+0.83	+2.92
5	+0.69	+1.32	+2.16	+3.18	+3.03	+3.36	+3.12	+3.38	+2.82	+1.56	+0.93	+0.45	+2.16
6	+0.51	+0.82	+1.22	+2.18	+2.25	+2.46	+2.12	+2.34	+1.74	+0.92	+0.55	+0.23	+1.44
7	+0.33	+0.46	+0.44	+1.06	+1.09	+1.18	+0.82	+0.98	+0.72	+0.42	+0.19	+0.07	+0.65
8	+0.23	+0.02	+0.02	+0.36	+0.15	+0.26	—0.02	—0.02	—0.06	+0.02	+0.07	—0.07	+0.07
9	+0.09	—0.22	—0.40	—0.40	—0.69	—0.86	—1.02	—0.70	—0.44	—0.34	—0.05	—0.17	—0.44
10	—0.09	—0.50	—0.76	—1.14	—1.49	—1.70	—1.80	—1.56	—1.06	—0.70	—0.29	—0.29	—0.95
11	—0.37	—0.66	—1.02	—1.64	—2.05	—2.38	—2.28	—2.22	—1.54	—1.06	—0.49	—0.53	—1.36
12	—0.47	—0.82	—1.36	—2.04	—2.53	—2.94	—2.84	—2.70	—1.82	—1.34	—0.67	—0.59	—1.68

Prag (Turmgalerie der Petřinwarte). (S. 14).
1897—1902.

$\varphi = 50^\circ 5' N \quad \lambda = 14^\circ 24' E \qquad H = 325\,m \qquad h_t = 49.0\,m$

	Januar	Februar	März	April	Mai	Juni	Juli	August	Sept.	Okt.	Nov.	Dez.	Jahr
Tagesmittel	—0.68	—**0.79**	2.28	7.38	11.45	15.69	**17.48**	17.40	13.88	8.45	3.51	—0.33	7.98
1a	—0.44	—0.59	—0.98	—1.66	—2.03	—2.25	—1.98	—2.18	—1.44	—0.81	—0.39	—0.23	—1.24
2	—0.50	—0.73	—1.24	—1.98	—2.31	—2.72	—2.46	—2.58	—1.88	—1.17	—0.55	—0.33	—1.54
3	—0.62	—0.93	—1.50	—2.26	—2.79	—3.23	—3.02	—3.14	—2.24	—1.39	—0.71	—0.39	—1.85
4	—0.70	—1.03	—1.74	—2.56	—**3.13**	—3.57	—**3.24**	—3.44	—2.54	—1.57	—0.75	—0.47	—2.06
5	—0.74	—1.15	—1.90	—2.78	—**3.13**	—3.31	—3.16	—**3.66**	—**2.90**	—1.85	—0.81	—0.59	—**2.17**
6	—0.80	—1.25	—**2.10**	—**2.86**	—2.93	—2.93	—2.92	—3.30	—2.80	—**1.97**	—0.93	—0.65	—2.12
7	—**0.86**	—**1.37**	—2.06	—2.30	—2.27	—1.99	—2.12	—2.66	—2.60	—1.87	—0.97	—**0.69**	—1.82
8	—0.86	—1.31	—1.84	—1.46	—1.19	—0.91	—1.16	—1.60	—1.78	—1.59	—**1.03**	—**0.69**	—1.29
9	—0.70	—1.05	—1.22	—0.52	—0.29	—0.01	—0.20	—0.30	—0.70	—0.87	—0.79	—0.57	—0.60
10	—0.34	—0.57	—0.46	+0.32	+0.59	+0.72	+0.94	+0.28	—0.13	—0.43	—0.27	+0.11
11	+0.06	—0.01	+0.40	+1.14	+1.53	+1.51	+1.66	+1.70	+1.36	+0.79	+0.11	+0.13	+0.86
12	+0.52	+0.69	+1.20	+1.86	+2.23	+2.15	+2.44	+2.00	+1.37	+0.51	+0.45	+1.47
1p	+0.84	+1.23	+1.90	+2.48	+2.51	+2.75	+2.88	+3.04	+2.72	+1.93	+0.95	+0.69	+1.99
2	+1.08	+1.57	+2.30	+2.80	+2.89	+3.17	+**3.02**	+3.42	+3.06	+2.27	+1.21	+**0.95**	+2.31
3	+1.16	+**1.75**	+**2.62**	+**2.88**	+**2.97**	+**3.25**	+**3.02**	+**3.62**	+**3.10**	+**2.33**	+**1.27**	+0.87	+**2.40**
4	+1.00	+1.63	+2.38	+2.84	+**2.97**	+3.19	+2.96	+3.50	+2.90	+2.07	+1.09	+0.75	+2.17
5	+0.82	+1.31	+2.06	+2.63	+2.63	+2.76	+3.10	+2.50	+1.59	+0.83	+0.57	+1.97
6	+0.64	+1.01	+1.46	+1.88	+2.13	+2.39	+2.36	+2.24	+1.76	+1.19	+0.65	+0.43	+1.51
7	+0.42	+0.69	+1.08	+1.53	+1.55	+1.38	+1.36	+1.08	+0.77	+0.57	+0.29	+0.98
8	+0.30	+0.41	+0.60	+0.72	+0.75	+0.87	+0.72	+0.56	+0.48	+0.49	+0.35	+0.21	+0.54
9	+0.14	+0.15	+0.18	+0.10	+0.11	—0.04	+0.02	±0.00	—0.21	+0.01	+0.05	+0.08
10	—0.02	—0.03	—0.10	—0.42	—0.39	—0.65	—0.60	—0.52	—0.36	—0.21	+0.01	—0.07	—0.28
11	—0.18	—0.21	—0.36	—0.76	—0.93	—1.25	—1.14	—1.12	—0.84	—0.55	—0.15	—0.19	—0.64
12	—0.32	—0.35	—0.68	—1.10	—1.33	—1.67	—1.64	—1.54	—1.12	—0.83	—0.25	—0.25	—0.93

Tagesmittel und Abweichungen der Stundenmittel vom Tagesmittel

Chemnitz (Meteorologisches Institut). (S. 14, 15.)
1887—1899.

$\varphi = 50°\,50'\,N \qquad \lambda = 12°\,55'\,E \qquad\qquad H = 310\,m \qquad h_t = 2.0\,m$

	Januar	Februar	März	April	Mai	Juni	Juli	August	Sept.	Okt.	Nov.	Dez.	Jahr
Tages-mittel	−1.82	−0.78	2.81	7.22	12.15	15.33	16.52	16.42	12.90	8.21	3.38	−0.25	7.67
1ª	−0.90	−0.91	−1.51	−2.33	−2.72	−3.15	−2.74	−2.70	−2.27	−1.32	−0.81	−0.57	−1.82
2	−0.93	−1.04	−1.67	−2.62	−3.12	−3.50	−3.09	−2.99	−2.55	−1.46	−0.89	−0.59	−2.03
3	−0.96	−1.19	−1.85	−2.88	−3.49	−3.86	−3.38	−3.23	−2.74	−1.65	−0.97	−0.60	−2.23
4	−0.96	−1.34	−1.98	−3.11	−3.80	−4.18	−3.63	−3.50	−2.95	−1.79	−1.04	−0.65	−2.41
5	−1.00	−1.41	−2.13	−3.33	−3.98	−4.16	−3.78	−3.89	−3.11	−1.91	−1.16	−0.69	−2.52
6	−0.95	−1.46	−2.24	−3.36	−3.52	−3.47	−3.33	−3.60	−3.20	−2.00	−1.25	−0.71	−2.42
7	−0.93	−1.52	−2.12	−2.72	−2.13	−1.87	−2.08	−2.58	−2.77	−1.99	−1.29	−0.72	−1.89
8	−0.89	−1.41	−1.51	−1.27	−0.30	−0.14	−0.42	−0.64	−1.32	−1.43	−1.19	−0.70	−0.93
9	−0.68	−0.93	−0.63	+0.02	+0.75	+0.86	+0.61	+0.68	+0.13	−0.50	−0.75	−0.54	−0.08
10	−0.14	−0.10	+0.39	+1.11	+1.61	+1.76	+1.52	+1.80	+1.45	+0.62	+0.13	−0.10	+0.84
11	+0.60	+0.75	+1.28	+1.86	+2.28	+2.53	+2.22	+2.62	+2.45	+1.71	+1.08	+0.53	+1.66
12	+1.33	+1.59	+2.07	+2.58	+2.84	+3.12	+2.83	+3.21	+3.23	+2.48	+1.88	+1.21	+2.37
1ᵖ	+1.79	+2.05	+2.53	+3.04	+3.20	+3.41	+3.25	+3.63	+3.67	+2.90	+2.25	+1.51	+2.77
2	+1.97	+2.30	+2.89	+3.40	+3.58	+3.74	+3.64	+4.03	+3.99	+3.12	+2.33	+1.62	+3.05
3	+1.86	+2.26	+2.94	+3.44	+3.53	+3.66	+3.56	+3.89	+3.87	+2.93	+2.06	+1.37	+2.95
4	+1.41	+2.02	+2.74	+3.41	+3.43	+3.52	+3.45	+3.63	+3.60	+2.41	+1.45	+0.88	+2.67
5	+0.79	+1.36	+2.20	+3.07	+3.03	+3.25	+3.11	+3.15	+2.82	+1.48	+0.68	+0.42	+2.12
6	+0.40	+0.74	+1.43	+2.39	+2.42	+2.64	+2.46	+2.33	+1.66	+0.61	+0.23	+0.18	+1.46
7	+0.12	+0.27	+0.55	+1.35	+1.47	+1.69	+1.47	+1.06	+0.41	+0.02	−0.06	−0.02	+0.70
8	−0.08	±0.00	−0.10	+0.35	+0.36	+0.52	+0.31	−0.29	−0.46	−0.42	−0.27	−0.13	−0.01
9	−0.22	−0.19	−0.40	−0.29	−0.40	−0.45	−0.55	−0.90	−0.84	−0.61	−0.39	−0.26	−0.45
10	−0.40	−0.40	−0.70	−0.89	−1.16	−1.31	−1.31	−1.54	−1.29	−0.85	−0.56	−0.37	−0.89
11	−0.58	−0.60	−0.98	−1.38	−1.72	−2.01	−1.90	−2.03	−1.70	−1.09	−0.70	−0.49	−1.26
12	−0.71	−0.76	−1.21	−1.78	−2.18	−2.56	−2.36	−2.42	−2.05	−1.30	−0.80	−0.60	−1.56

Leipzig (Sternwarte). (S. 15.)
1871—1875.

$\varphi = 51°\,20'\,N \qquad \lambda = 12°\,23'\,E \qquad\qquad H = 119\,m \qquad h_t = 6.0\,m$

	Januar	Februar	März	April	Mai	Juni	Juli	August	Sept.	Okt.	Nov.	Dez.	Jahr
Tages-mittel	−0.30	−1.26	3.72	8.22	11.66	16.58	19.62	18.05	14.42	8.23	2.74	−0.82	8.40
1ª	−0.70	−0.98	−1.87	−2.18	−2.75	−3.07	−3.69	−3.17	−2.92	−1.64	−0.81	−0.59	−2.03
2	−0.77	−1.08	−2.11	−2.56	−3.17	−3.47	−4.12	−3.58	−3.37	−1.83	−0.91	−0.65	−2.31
3	−0.85	−1.23	−2.38	−3.60	−3.86	−4.46	−3.95	−3.71	−2.16	−0.98	−0.72	−2.56	
4	−0.93	−1.32	−2.62	−3.26	−3.94	−4.28	−4.71	−4.29	−3.95	−2.35	−1.11	−0.77	−2.79
5	−0.89	−1.48	−2.79	−3.57	−3.92	−3.97	−4.48	−4.47	−4.25	−2.51	−1.20	−0.76	−2.85
6	−0.93	−1.60	−3.01	−3.42	−3.18	−3.08	−3.61	−4.03	−4.17	−2.55	−1.26	−0.80	−2.63
7	−0.98	−1.60	−2.92	−2.04	−2.13	−2.04	−2.47	−3.03	−3.48	−2.58	−1.34	−0.75	−2.16
8	−1.08	−1.50	−2.19	−1.47	−1.00	−0.78	−1.02	−1.54	−2.01	−2.05	−1.30	−0.78	−1.39
9	−0.95	−1.03	−1.14	−0.34	+0.21	+0.10	+0.23	+0.01	−0.14	−0.87	−0.88	−0.62	−0.44
10	−0.36	−0.21	+0.07	+0.72	+1.04	+1.16	+1.55	+1.34	+1.49	+0.53	−0.11	−0.22	+0.59
11	+0.30	+0.66	+1.17	+1.60	+1.89	+1.97	+2.56	+2.38	+2.78	+1.74	+0.71	+0.44	+1.52
12	+1.11	+1.42	+2.12	+2.42	+2.46	+2.70	+3.28	+3.26	+3.66	+2.67	+1.38	+1.03	+2.30
1ᵖ	+1.62	+1.98	+2.96	+2.95	+3.20	+3.37	+3.84	+4.01	+4.33	+3.32	+1.85	+1.47	+2.91
2	+1.90	+2.42	+3.39	+3.61	+3.68	+3.81	+4.34	+4.54	+4.79	+3.59	+2.06	+1.53	+3.32
3	+1.75	+2.41	+3.41	+3.56	+3.63	+3.91	+4.70	+4.65	+4.83	+3.56	+1.91	+1.36	+3.31
4	+1.43	+2.11	+3.22	+3.37	+3.64	+3.76	+4.51	+4.45	+4.54	+3.22	+1.60	+1.06	+3.08
5	+0.96	+1.47	+2.92	+3.09	+3.39	+3.49	+4.16	+4.19	+4.10	+2.40	+1.08	+0.72	+2.67
6	+0.56	+0.97	+2.42	+2.60	+2.90	+3.09	+3.56	+3.56	+2.90	+1.39	+0.71	+0.45	+2.08
7	+0.27	+0.43	+1.42	+1.73	+2.00	+2.40	+2.69	+1.16	+1.34	+0.62	+0.38	+0.18	+1.31
8	+0.01	+0.17	+0.71	+0.77	+0.92	+1.08	+1.13	+0.60	+0.20	+0.02	+0.10	−0.05	+0.48
9	−0.17	−0.17	+0.06	−0.15	−0.11	−0.29	−0.57	−0.57	−0.72	−0.54	−0.15	−0.21	−0.29
10	−0.31	−0.43	−0.55	−1.00	−1.31	−1.47	−1.95	−1.67	−1.54	−0.99	−0.40	−0.32	−0.99
11	−0.44	−0.58	−0.89	−1.42	−1.69	−2.01	−2.42	−2.22	−2.10	−1.27	−0.56	−0.43	−1.32
12	−0.48	−0.76	−1.28	−1.67	−2.18	−2.45	−3.06	−2.70	−2.59	−1.65	−0.71	−0.62	−1.67

Tagesmittel und Abwelchungen der Stundenmittel vom Tagesmittel

Grünberg in Schlesien. (S. 15)
1903—1906, Jan.—Juli 1908.

$\varphi = 51^0 56' N \qquad \lambda = 15^0 30' E \qquad\qquad H = 149$ m $\qquad h = 2.2$ m

	Januar	Februar	März	April	Mai	Juni	Juli	August	Sept.	Okt.	Nov.	Dez.	Jahr
Tages-mittel	—1.22	1.38	3.58	7.14	13.71	16.77	18.64	17.26	13.58	7.96	4.21	—0.59	8.54
1a	—0.72	—0.86	—1.34	—2.17	—3.00	—3.25	—3.38	—2.75	—2.14	—1.28	—0.47	—0.09	—1.79
2	—0.78	—0.96	—1.55	—2.49	—3.43	—3.73	—3.71	—3.09	—2.44	—1.46	—0.61	—0.15	—2.04
3	—0.83	—1.00	—1.74	—2.79	—3.78	—4.11	—4.08	—3.38	—2.68	—1.54	—0.76	—0.21	—2.25
4	—0.93	—1.02	—1.97	—3.08	—4.10	—4.35	—4.34	—3.72	—2.90	—1.69	—0.89	—0.32	—2.45
5	—0.96	—1.11	—2.18	—3.27	—4.04	—4.00	—4.17	—3.84	—3.05	—1.80	—0.98	—0.39	—2.64
6	—0.99	—1.16	—2.26	—3.16	—3.25	—2.94	—3.20	—3.36	—3.10	—1.98	—1.08	—0.45	—2.16
7	—1.04	—1.18	—2.30	—2.51	—2.05	—1.67	—1.87	—2.31	—2.56	—1.98	—1.16	—0.54	—1.77
8	—1.04	—1.13	—1.79	—1.58	—0.83	—0.49	—0.57	—0.92	—1.44	—1.42	—1.01	—0.53	—1.07
9	—0.87	—0.67	—0.84	—0.18	+0.38	+0.79	+0.86	+0.43	—0.40	—0.57	—0.46	—0.14	
10	—0.28	+0.03	+0.25	+0.86	+1.44	+1.77	+1.85	+1.60	+1.32	+0.58	+0.05	—0.16	+0.77
11	+0.40	+0.67	+1.30	+1.87	+2.34	+2.63	+2.75	+2.42	+2.22	+1.55	+0.62	+0.26	+1.58
12	+0.99	+1.32	+1.97	+2.57	+2.99	+3.10	+3.40	+3.22	+3.03	+2.24	+1.11	+0.69	+2.21
1p	+1.48	+1.76	+2.50	+3.11	+3.66	+3.66	+3.98	+3.76	+3.66	+2.82	+1.50	+0.86	+2.72
2	+1.63	+1.94	+2.87	+3.54	+3.96	+4.12	+4.37	+4.22	+4.00	+2.99	+1.61	+0.93	+3.01
3	+1.53	+1.88	+2.88	+3.62	+3.94	+4.22	+4.34	+4.28	+3.98	+2.73	+1.44	+0.81	+2.97
4	+1.20	+1.57	+2.66	+3.36	+3.78	+3.96	+4.10	+4.22	+3.55	+2.16	+1.09	+0.56	+2.68
5	+0.80	+1.12	+2.25	+2.95	+3.36	+3.42	+3.61	+3.59	+2.79	+1.38	+0.71	+0.31	+2.19
6	+0.52	+0.55	+1.45	+2.21	+2.69	+2.70	+2.81	+2.24	+1.53	+0.66	+0.41	+0.14	+1.49
7	+0.29	+0.22	+0.73	+1.16	+1.60	+1.62	+1.57	+0.87	+0.32	+0.20	+0.21	+0.03	+0.73
8	+0.14	—0.07	+0.17	+0.27	+0.18	+0.19	+0.11	—0.36	—0.40	—0.17	+0.03	—0.08	+0.05
9	±0.00	—0.30	—0.28	—0.44	—0.62	—0.91	—1.14	—1.15	—0.89	—0.52	—0.15	—0.21	—0.56
10	—0.14	—0.47	—0.60	—0.89	—1.25	—1.69	—1.89	—1.57	—1.26	—0.80	—0.27	—0.29	—0.93
11	—0.23	—0.57	—0.86	—1.27	—1.82	—2.29	—2.44	—1.95	—1.58	—1.02	—0.39	—0.33	—1.23
12	—0.39	—0.68	—1.12	—1.64	—2.32	—2.79	—2.92	—2.42	—1.98	—1.23	—0.53	—0.39	—1.54

Görbersdorf in Schlesien. (S. 15.)
Juli 1891—Juni 1894, Juli 1899—Februar 1901.

$\varphi = 50^0 41' N \qquad \lambda = 16^0 14' E \qquad\qquad H = 565$ m $\qquad h_t = 2.0$ m

	Januar	Februar	März	April	Mai	Juni	Juli	August	Sept.	Okt.	Nov.	Dez.	Jahr
Tages-mittel	—6.11	—2.58	—0.64	5.17	9.39	13.01	14.89	14.57	11.42	6.86	1.24	—2.98	5.35
1a	—0.56	—1.01	—1.68	—3.51	—3.40	—3.87	—3.51	—3.70	—2.75	—1.33	—0.42	—0.08	—2.15
2	—0.72	—1.03	—1.77	—3.81	—3.71	—4.07	—3.74	—3.88	—2.97	—1.49	—0.50	—0.15	—2.32
3	—0.87	—1.13	—1.86	—4.01	—3.94	—4.34	—3.97	—4.11	—3.15	—1.63	—0.61	—0.22	—2.48
4	—1.06	—1.15	—2.06	—4.20	—4.13	—4.43	—4.18	—4.30	—3.27	—1.78	—0.65	—0.29	—2.62
5	—1.26	—1.21	—2.16	—4.32	—3.96	—3.91	—4.00	—4.38	—3.32	—2.00	—0.72	—0.36	—2.63
6	—1.29	—1.30	—2.16	—3.89	—2.72	—2.37	—2.80	—3.53	—3.17	—2.06	—0.84	—0.46	—2.21
7	—1.29	—1.32	—1.74	—1.93	—0.39	—0.20	—0.65	—1.17	—2.19	—1.96	—0.93	—0.57	—1.19
8	—1.16	—1.13	—0.88	—0.12	+0.68	+0.81	+0.52	+0.46	—0.81	—1.27	—0.84	—0.59	—0.36
9	—0.77	—0.28	+0.34	+1.59	+1.41	+1.60	+1.53	+1.75	+0.77	+0.15	—0.38	—0.42	+0.61
10	+0.06	+0.58	+1.06	+2.36	+2.03	+2.33	+2.17	+2.61	+1.87	+1.21	+0.28	±0.00	+1.38
11	+0.97	+1.29	+1.73	+3.19	+2.73	+2.78	+2.82	+3.38	+2.76	+1.98	+0.82	+0.65	+2.09
12	+1.51	+1.69	+2.14	+3.55	+3.17	+3.22	+3.24	+3.86	+3.24	+2.42	+1.14	+0.82	+2.50
1p	+1.86	+1.99	+2.58	+4.18	+3.55	+3.69	+3.60	+4.25	+3.86	+3.09	+1.38	+0.81	+2.91
2	+1.66	+2.06	+2.81	+4.42	+3.58	+3.70	+3.81	+4.47	+4.11	+3.30	+1.37	+0.73	+3.01
3	+1.38	+1.94	+2.86	+4.57	+3.57	+3.78	+3.91	+4.62	+4.29	+3.13	+1.07	+0.51	+2.97
4	+1.03	+1.50	+2.60	+4.37	+3.57	+3.63	+3.85	+4.37	+4.05	+2.48	+0.75	+0.28	+2.71
5	+0.58	+0.84	+1.92	+3.92	+3.43	+3.50	+3.90	+3.36	+1.38	+0.37	+0.03	+2.21	
6	+0.37	+0.33	+1.10	+2.71	+1.66	+3.21	+2.83	+3.03	+1.75	+0.31	+0.12	—0.09	+1.53
7	+0.18	—0.12	—0.04	+0.63	+1.29	+1.84	+1.57	+0.83	+0.04	—0.39	—0.01	—0.11	+0.48
8	+0.12	—0.24	—0.42	—0.67	—0.24	±0.00	—0.10	—0.93	—0.81	—0.65	—0.13	—0.06	—0.34
9	+0.03	—0.39	—0.76	—1.60	—1.42	—1.71	—1.64	—2.20	—1.39	—0.91	—0.14	—0.05	—1.01
10	—0.11	—0.52	—1.00	—2.12	—2.10	—2.57	—2.38	—2.76	—1.79	—1.21	—0.22	—0.05	—1.40
11	—0.28	—0.65	—1.24	—2.51	—2.59	—3.10	—3.01	—3.05	—2.14	—1.35	—0.33	—0.15	—1.70
12	—0.45	—0.83	—1.44	—2.86	—2.85	—3.48	—3.42	—3.45	—2.40	—1.49	—0.47	—0.24	—1.94

Tagesmittel und Abweichungen der Stundenmittel vom Tagesmittel

Krakau (Sternwarte). (S. 15.)
1894—1898.

$\varphi = 50^0\,4'\,N \qquad \lambda = 19^0\,58'\,E \qquad\qquad H = 220\,m \qquad h_t = 12.0\,m$

	Januar	Februar	März	April	Mai	Juni	Juli	August	Sept.	Okt.	Nov.	Dez.	Jahr
Tages-mittel	−3.43	−1.73	3.86	8.52	13.77	16.91	18.80	17.94	13.70	9.07	2.86	−1.09	8.27
1a	−0.79	−0.97	−1.75	−2.38	−2.86	−3.16	−3.20	−2.93	−2.40	−1.53	−1.07	−0.64	−1.98
2	−0.94	−1.13	−1.96	−2.69	−3.21	−3.60	−3.60	−3.30	−3.00	−1.70	−1.23	−0.67	−2.24
3	−1.12	−1.22	−2.17	−2.97	−3.55	−4.00	−3.96	−3.61	−3.14	−1.91	−1.39	−0.72	−2.49
4	−1.26	−1.24	−2.32	−3.23	−3.80	−4.20	−4.23	−3.94	−3.41	−2.07	−1.47	−0.74	−2.66
5	−1.32	−1.33	−2.46	−3.41	−3.56	−3.63	−4.01	−4.14	−3.67	−2.25	−1.46	−0.78	−2.67
6	−1.37	−1.41	−2.57	−3.00	−2.82	−2.74	−3.10	−3.52	−3.58	−2.36	−1.45	−0.80	−2.40
7	−1.40	−1.42	−2.26	−2.02	−1.68	−1.41	−1.73	−2.17	−2.60	−2.18	−1.48	−0.91	−1.78
8	−1.12	−1.07	−1.47	−0.83	−0.30	−0.03	−0.45	−0.79	−1.34	−1.51	−1.19	−0.79	−0.92
9	−0.79	−0.55	−0.44	+0.34	+0.94	+1.19	+0.86	+0.62	+0.18	−0.37	−0.52	−0.46	+0.08
10	+0.01	+0.19	+0.66	+1.34	+1.86	+2.04	+1.88	+1.74	+1.48	+0.72	+0.28	+0.08	+1.02
11	+0.82	+0.90	+1.61	+2.16	+2.66	+2.59	+2.65	+2.66	+2.53	+1.78	+1.13	+0.68	+1.84
12	+1.47	+1.52	+2.47	+2.93	+3.31	+3.16	+3.29	+3.46	+3.37	+2.55	+1.82	+1.26	+2.54
1p	+1.92	+1.88	+3.04	+3.30	+3.59	+3.39	+3.63	+3.98	+3.91	+3.01	+2.24	+1.56	+3.03
2	+2.12	+2.11	+3.28	+3.63	+3.68	+3.57	+3.89	+4.08	+4.13	+3.15	+2.42	+1.54	+3.11
3	+2.00	+2.11	+3.29	+3.50	+3.51	+3.64	+3.96	+4.02	+3.81	+3.00	+2.24	+1.30	+3.03
4	+1.50	+1.84	+2.89	+3.28	+3.21	+3.52	+3.82	+3.79	+3.44	+2.43	+1.69	+0.85	+2.68
5	+0.99	+1.22	+2.18	+2.71	+2.71	+3.20	+3.31	+2.76	+2.43	+1.59	+1.14	+0.52	+2.14
6	+0.68	+0.69	+1.34	+1.83	+2.04	+2.29	+2.51	+2.32	+1.72	+0.93	+0.68	+0.25	+1.44
7	+0.36	+0.33	+0.64	+0.83	+0.96	+1.26	+1.35	+1.18	+0.79	+0.43	+0.27	+0.05	+0.70
8	+0.04	+0.06	+0.13	+0.09	+0.07	+0.25	+0.23	+0.13	+0.03	−0.02	−0.05	−0.13	+0.06
9	−0.15	−0.20	−0.38	−0.58	−0.83	−0.81	−0.77	−0.66	−0.51	−0.30	−0.23	−0.23	−0.53
10	−0.42	−0.42	−0.85	−1.12	−1.51	−1.57	−1.65	−1.52	−1.17	−0.85	−0.58	−0.34	−1.01
11	−0.57	−0.58	−1.20	−1.62	−2.04	−2.18	−2.28	−2.04	−1.65	−1.17	−0.80	−0.45	−1.35
12	−0.73	−0.79	−1.48	−2.01	−2.45	−2.69	−2.80	−2.50	−2.04	−1.43	−0.97	−0.57	−1.71

Brocken. (S. 16.)
Okt. 1896—1908 (excl. Febr. 1904).

$\varphi = 51^0\,48'\,N \qquad \lambda = 10^0\,37'\,E \qquad\qquad H = 1140\,m \qquad h_t = 11.3\,m$

	Januar	Februar	März	April	Mai	Juni	Juli	August	Sept.	Okt.	Nov.	Dez.	Jahr
Tages-mittel	−3.88	−4.74	−3.10	−0.01	5.12	8.82	10.14	9.80	7.14	3.81	−0.47	−3.76	2.41
1a	−0.19	−0.28	−0.43	−0.77	−1.34	−1.16	−1.05	−0.98	−0.69	−0.39	−0.10	−0.10	−0.63
2	−0.19	−0.31	−0.50	−0.84	−1.39	−1.30	−1.23	−1.10	−0.73	−0.41	−0.10	−0.11	−0.69
3	−0.20	−0.34	−0.57	−0.93	−1.48	−1.42	−1.40	−1.21	−0.80	−0.50	−0.15	−0.14	−0.77
4	−0.23	−0.35	−0.65	−1.03	−1.52	−1.50	−1.51	−1.34	−0.92	−0.52	−0.18	−0.15	−0.83
5	−0.21	−0.38	−0.74	−1.08	−1.40	−1.32	−1.46	−1.39	−1.08	−0.58	−0.27	−0.15	−0.84
6	−0.16	−0.36	−0.79	−1.04	−1.16	−1.03	−1.22	−1.19	−0.99	−0.60	−0.30	−0.14	−0.75
7	−0.17	−0.33	−0.73	−0.80	−0.81	−0.66	−0.88	−0.82	−0.71	−0.52	−0.30	−0.16	−0.58
8	−0.18	−0.29	−0.57	−0.56	−0.41	−0.30	−0.55	−0.43	−0.38	−0.25	−0.21	−0.15	−0.36
9	−0.07	−0.11	−0.30	−0.22	+0.10	+0.14	−0.11	−0.05	+0.03	±0.00	−0.07	−0.11	−0.07
10	+0.08	+0.05	±0.00	+0.14	+0.52	+0.54	+0.34	+0.33	+0.43	+0.33	+0.16	+0.12	+0.25
11	+0.23	+0.20	+0.28	+0.43	+0.84	+0.80	+0.74	+0.72	+0.79	+0.66	+0.39	+0.16	+0.52
12	+0.35	+0.38	+0.57	+0.74	+1.16	+1.10	+1.02	+1.12	+1.09	+0.87	+0.57	+0.16	+0.77
1p	+0.44	+0.51	+0.77	+1.05	+1.48	+1.43	+1.32	+1.42	+1.33	+1.02	+0.67	+0.32	+0.98
2	+0.45	+0.61	+0.93	+1.26	+1.67	+1.69	+1.58	+1.74	+1.46	+1.11	+0.64	+0.35	+1.08
3	+0.36	+0.57	+0.98	+1.28	+1.73	+1.68	+1.64	+1.77	+1.41	+0.97	+0.45	+0.27	+1.09
4	+0.16	+0.46	+0.90	+1.15	+1.72	+1.56	+1.61	+1.70	+1.18	+0.62	+0.10	+0.02	+0.94
5	+0.06	+0.25	+0.71	+1.06	+1.45	+1.34	+1.48	+1.36	+0.73	+0.15	−0.13	+0.03	+0.70
6	±0.00	+0.12	+0.41	+0.74	+1.03	+1.00	+1.17	+1.08	+0.22	−0.05	−0.15	−0.01	+0.44
7	−0.05	+0.03	+0.23	+0.35	+0.47	+0.50	+0.69	+0.18	−0.05	−0.13	−0.15	−0.03	+0.17
8	−0.10	−0.03	+0.10	+0.19	+0.01	−0.05	+0.12	−0.17	−0.24	−0.21	−0.17	−0.07	−0.06
9	−0.07	−0.04	±0.00	−0.04	−0.30	−0.35	−0.20	−0.34	−0.35	−0.27	−0.16	−0.06	−0.19
10	−0.11	−0.13	−0.12	−0.25	−0.59	−0.65	−0.49	−0.55	−0.47	−0.36	−0.18	−0.10	−0.34
11	−0.12	−0.13	−0.22	−0.40	−0.80	−0.85	−0.70	−0.71	−0.60	−0.42	−0.16	−0.11	−0.44
12	−0.12	−0.15	−0.27	−0.52	−0.94	−1.07	−0.92	−0.86	−0.69	−0.48	−0.15	−0.14	−0.53

Tagesmittel und Abweichungen der Stundenmittel vom Tagesmittel

Schneekoppe. (S. 16.)
Oktober 1901—1908.

$\varphi = 50^0\,44'\,N \qquad \lambda = 15^0\,44'\,E \qquad H = 1602\,m \qquad h_t = 15.9\,m$

	Januar	Februar	März	April	Mai	Juni	Juli	August	Sept.	Okt.	Nov.	Dez.	Jahr
Tages-mittel	—6.57	**—7.38**	—5.48	—2.84	3.00	6.18	**7.80**	7.10	4.61	1.30	—3.46	—6.23	—0.16
1ᵃ	—0.13	—0.19	—0.21	—0.39	—0.75	—0.73	—0.56	—0.49	—0.29	—0.17	—0.16	+0.03	—0.34
2	—0.15	—0.20	—0.32	—0.43	—0.81	—0.83	—0.69	—0.55	—0.30	—0.21	—0.19	+0.13	—0.38
3	—0.17	—0.23	—0.39	—0.57	—0.89	—0.94	—0.81	—0.67	—0.28	—0.20	—0.16	**+0.15**	—0.43
4	—0.11	—0.25	—0.48	—0.67	—0.97	—1.01	—0.89	—0.83	—0.33	—0.20	—0.17	+0.03	—0.49
5	—0.08	—0.23	—0.51	—0.77	**—1.05**	**—1.03**	**—0.97**	—0.97	—0.43	—0.22	—0.24	—0.04	—0.55
6	—0.15	—0.29	**—0.54**	**—0.79**	—1.03	—1.03	—0.94	**—1.05**	—0.50	—0.31	**—0.29**	—0.03	**—0.58**
7	—0.21	—0.35	—0.48	—0.73	—0.91	—0.81	—0.80	—1.03	**—0.56**	**—0.36**	—0.23	—0.11	—0.55
8	**—0.24**	**—0.38**	—0.35	—0.65	—0.74	—0.62	—0.60	—0.86	—0.54	—0.32	—0.16	**—0.17**	—0.47
9	—0.24	—0.26	—0.20	—0.47	—0.43	—0.32	—0.35	—0.57	—0.35	—0.16	—0.09	—0.14	—0.30
10	—0.11	—0.09	+0.01	—0.22	—0.08	+0.06	—0.01	—0.25	—0.06	+0.04	+0.01	—0.05	—0.07
11	—0.05	+0.16	+0.20	+0.08	+0.28	+0.44	+0.29	+0.11	+0.23	+0.27	+0.19	+0.01	+0.18
12	+0.16	+0.30	+0.40	+0.38	+0.61	+0.71	+0.59	+0.42	+0.48	+0.42	+0.38	+0.01	+0.40
1ᵖ	+0.28	+0.41	+0.59	+0.66	+0.95	+0.97	+0.87	+0.75	+0.77	+0.55	**+0.50**	+0.06	+0.61
2	**+0.33**	**+0.51**	**+0.69**	+0.89	+1.27	+1.18	+1.19	+1.10	**+0.95**	**+0.67**	+0.49	**+0.10**	**+0.78**
3	+0.26	+0.36	+0.64	**+0.92**	**+1.31**	**+1.20**	**+1.23**	**+1.22**	+0.89	+0.65	+0.31	+0.01	+0.75
4	+0.24	+0.25	+0.58	+0.91	+1.24	+1.19	+1.20	+1.20	+0.73	+0.43	+0.17	—0.01	+0.67
5	+0.16	+0.16	+0.44	+0.75	+1.05	+1.11	+1.09	+1.11	+0.50	+0.19	+0.07	+0.02	+0.55
6	+0.12	+0.11	+0.24	+0.52	+0.82	+0.85	+0.79	+0.77	+0.18	+0.10	+0.10	+0.02	+0.38
7	+0.04	+0.13	+0.14	+0.31	+0.42	+0.53	+0.48	+0.45	+0.02	—0.07	+0.03	+0.01	+0.20
8	+0.02	+0.11	+0.06	+0.22	+0.20	+0.15	+0.12	+0.28	—0.07	—0.17	—0.04	±0.00	+0.07
9	+0.08	+0.12	+0.02	+0.16	+0.17	±0.00	—0.06	+0.22	—0.10	—0.13	—0.01	+0.07	+0.04
10	—0.03	—0.04	—0.12	±0.00	—0.10	—0.23	—0.26	±0.00	—0.24	—0.22	—0.14	+0.01	—0.12
11	—0.04	—0.06	—0.17	—0.08	—0.24	—0.38	—0.35	—0.15	—0.28	—0.29	—0.19	+0.01	—0.19
12	—0.07	—0.09	—0.20	—0.14	—0.36	—0.57	—0.50	—0.30	—0.33	—0.26	—0.25	—0.09	—0.27

Zugspitze. (S. 16.)
1906—1909.

$\varphi = 47^0\,25'\,N \qquad \lambda = 10^0\,59'\,E \qquad H = 2964\,m \qquad h_t = \text{unbestimmt.}$

	Januar	Februar	März	April	Mai	Juni	Juli	August	Sept.	Okt.	Nov.	Dez.	Jahr
Tages-mittel	—11.32	**—13.86**	—11.91	—8.05	—2.08	0.07	1.03	**1.87**	—0.65	—1.49	—7.30	—10.87	—5.38
1ᵃ	—0.16	—0.37	—0.61	—0.84	—1.14	—1.02	—0.96	—0.88	—0.64	—0.44	—0.12	+0.10	—0.59
2	—0.18	—0.43	—0.61	—0.94	—1.27	—1.10	—1.08	—0.94	—0.69	—0.53	—0.16	—0.03	—0.66
3	—0.16	—0.50	—0.66	—1.04	—1.36	—1.25	—1.17	—0.95	—0.76	—0.64	—0.21	—0.16	—0.74
4	—0.24	—0.61	—0.75	—1.12	—1.41	**—1.32**	**—1.25**	—1.04	—0.88	—0.68	—0.30	—0.22	—0.82
5	—0.25	—0.71	—0.78	**—1.14**	—1.36	—1.31	—1.19	**—1.11**	**—0.92**	—0.75	—0.36	—0.27	**—0.85**
6	**—0.32**	—0.82	**—0.82**	—1.07	—1.07	—1.10	—1.05	—0.90	**—0.80**	—0.41	—0.34	—0.28	—0.80
7	—0.28	**—0.83**	—0.78	—0.84	—0.73	—0.75	—0.67	—0.87	—0.70	—0.72	**—0.48**	**—0.35**	—0.67
8	—0.29	—0.69	—0.49	—0.53	—0.37	—0.43	—0.41	—0.56	—0.43	—0.47	—0.38	—0.28	—0.44
9	—0.10	—0.42	—0.19	—0.15	—0.01	—0.05	—0.05	—0.20	—0.13	—0.11	—0.06	—0.10	—0.13
10	+0.18	—0.04	+0.23	+0.33	+0.33	+0.29	+0.25	+0.19	+0.30	+0.28	+0.13	+0.24	+0.24
11	+0.41	+0.41	+0.63	+0.84	+0.74	+0.75	+0.65	+0.67	+0.59	+0.67	+0.44	+0.39	+0.60
12	+0.57	+0.65	+0.88	+1.09	+1.02	+1.01	+1.02	+0.94	+0.75	+0.87	+0.58	+0.38	+0.82
1ᵖ	+0.68	**+0.81**	+1.07	+1.41	+1.31	+1.58	+1.29	+1.15	+1.01	+0.96	**+0.66**	+0.47	+1.03
2	**+0.70**	+0.80	**+1.15**	**+1.55**	+1.50	**+1.70**	+1.46	+1.37	+1.15	+1.06	**+0.66**	**+0.50**	**+1.13**
3	+0.51	+0.78	+1.02	+1.48	**+1.54**	+1.65	+1.42	**+1.48**	**+1.07**	+0.47	+0.32	+0.18	+1.08
4	+0.34	+0.74	+0.81	+1.35	+1.42	+1.51	+1.33	+1.45	+1.22	+1.00	+0.24	+0.18	+0.97
5	+0.12	+0.60	+0.65	+1.08	+1.24	+1.29	+1.15	+1.23	+0.96	+0.67	+0.01	+0.01	+0.75
6	—0.06	+0.36	+0.35	+0.73	+0.91	+0.95	+0.83	+0.90	+0.57	+0.25	—0.08	—0.11	+0.47
7	—0.12	+0.17	+0.06	+0.19	+0.45	+0.53	+0.50	+0.44	+0.19	+0.01	—0.11	—0.12	+0.17
8	—0.26	+0.13	—0.09	—0.16	+0.02	—0.03	+0.04	—0.01	—0.09	—0.17	—0.13	—0.13	—0.07
9	—0.32	+0.03	—0.17	—0.39	—0.25	—0.45	—0.33	—0.36	—0.28	—0.29	—0.12	—0.11	—0.25
10	—0.29	—0.01	—0.19	—0.46	—0.35	—0.67	—0.51	—0.49	—0.38	—0.31	—0.13	—0.05	—0.32
11	—0.26	—0.06	—0.27	—0.61	—0.55	—0.87	—0.69	—0.64	—0.50	—0.35	—0.17	—0.11	—0.42
12	—0.28	—0.08	—0.39	—0.72	—0.66	—1.03	—0.76	—0.76	—0.61	—0.46	—0.21	—0.14	—0.51

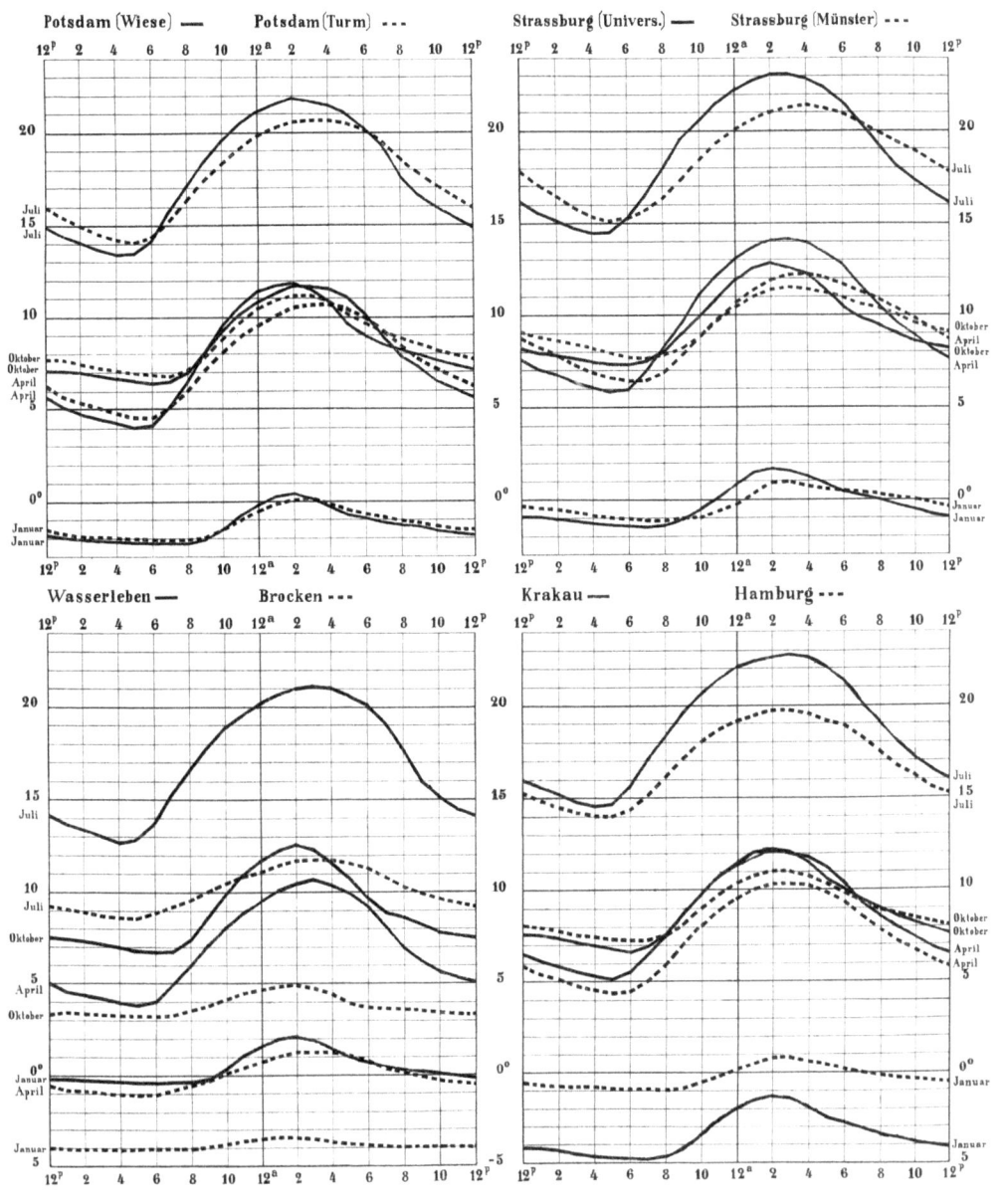

If you have any concerns about our products,
you can contact us on
ProductSafety@springernature.com

In case Publisher is established outside the EU,
the EU authorized representative is:
**Springer Nature Customer Service Center GmbH
Europaplatz 3, 69115 Heidelberg, Germany**

Printed by Libri Plureos GmbH
in Hamburg, Germany